십대를 위한
영화 속
수학 인문학
여행

십 대를 위한
영화 속 수학 인문학 여행

초판 1쇄 발행 2020년 3월 31일
초판 7쇄 발행 2022년 8월 2일

지은이 염지현
그린이 박선하
펴낸이 이지은 **펴낸곳** 팜파스
기획편집 박선희 **마케팅** 김서희, 김민경
디자인 조성미
인쇄 케이피알커뮤니케이션

출판등록 2002년 12월 30일 제 10 - 2536호
주소 서울특별시 마포구 어울마당로5길 18 팜파스빌딩 2층
대표전화 02 - 335 - 3681 **팩스** 02 - 335 - 3743
홈페이지 www.pampasbook.com | blog.naver.com/pampasbook
이메일 pampas@pampasbook.com

값 13,000원
ISBN 979 - 11 - 7026 - 327 - 2 (43410)

ⓒ 2020, 염지현

이 도서의 국립중앙도서관 출판시도서목록(CIP)은 서지정보유통지원시스템 홈페이지(http://seoji.nl.go.kr)와 국가자료공동목록시스템(http://www.nl.go.kr/kolisnet)에서 이용하실 수 있습니다.(CIP제어번호: CIP2020010187)

$$\left(\frac{a}{b}\right)^n = \frac{a^n}{b^n}$$

십대를 위한 영화 속 수학 인문학 여행

염지현 지음

팜파스

끝나지 않는
나의 '수학' 사춘기

이 책을 쓰기까지 생각보다 오래 걸렸습니다. 글을 쓰는 건 늘 하던 일이라 가벼운 마음으로 시작했는데, 역시나 책 한 권을 쓴다는 건 여전히 어려운 일이네요. 잘 읽히는 '교양서'를 만들고 싶어서 욕심을 부렸습니다. 수학책이지만 뻔한 '숫자'나 '식'은 빼고 그림으로, 사진으로, 글로 풍성하게 채우고 싶어서 영화를 더 많이 보고, 책을 읽고, 원고를 수없이 고치며 계속 곱씹었습니다.

'수학'이 쉽다는 게 뭘까? 어떻게 문화 속에 담긴 '수학'을 쉽게 소개할까? 이 질문을 계속 마음에 새기면서, 영화 속 한 장면만 떠올려도 그대로 이해할 수 있는 '수학'이면 좋겠다는 마음으로 한 자 한 자 눌러 썼습니다.

사실 '수학'은 보통 사람에게는 '쉬울 수 없고' '재미있을 수 없고' '즐거울 수 없는' 학문이죠. 그런데 저는 왜 이런 '수학'을 사람들에게 쉽고, 재미있게, 즐겁게 소개하고 싶을까요? 늘 수학은 제게 가장 애틋하면서도 어렵고 즐거우면서도 때론 너무 도도해서 얄미운 존재예요. 수학 문화를 다루고 있노라면 한없이 즐겁고 기쁘다가도, 금세 너무 어려워서 풀이 죽곤 합니다. 이런 갈등들이 꼭 '사춘기 시절'에 겪는 마음 같아요.

올해로 10년째. '영화를 영화로' '작품을 작품으로' '예술을 예술로' '인문학을 인문학으로' 받아들이지 못하는 조금 불편한 삶을 살고 있습니다. 제가 중증 직업병(?)을 앓고 있거든요. 이 병(?)은 특히 영화나 책, 심지어 TV 예능 프로그램조차 편히 즐기지 못하게 합니다. 때론 영화 속 긴박한 장면에서, 때론 예능 프로그램 출연자들이 웃고 떠드는 장면에서 아주 사소한 '수학'을 찾으며 뜻밖의 쾌감과 희열을 느끼죠. 수학변태 또는 수학덕후 증상이 이런 걸까요?☺

덕분에 장르를 불문하고 다양한 문화 속에서 '수학'을 찾아 글로 소개하는 일을 하고 있습니다. 태생이 심오하고 어려운 '수학'을 대중에게 그나마 흥미롭게 전달하려면, 많은 사람이 좋아하는 작품에서 아이디어를 얻어야 해서요. 그래야 그나마 사람들이 눈길을 주니까요.

대체 영화 속에서 수학(때때로 과학)을 왜 찾냐고요? 수학으로 사람들과 공감하고 싶어서예요. '무심코 지나가는 장면 속에 알고 보면 수학이!' '심지어 수학에 인문학이!' 이런 사실을 소개하면서 독자들의 반응을 살펴요. '피식' 하는 어이없는 웃음이나 '절레절레' 같은 따가운 눈초리를 보내더라도 모두 소통의 신호라고 생각하거든요.

그래서 소재를 어떻게 찾냐고요? 책이나 영화, TV를 보다 그 안(해당 장면이 0.1초 만에 사라질지라도 100번을 다시 보며)에서 수학 냄새(?)가 나면, 길거리든 컴컴한 영화관이든 메모를 합니다(그렇지 않으면 금방 까먹거든요). 주로 대사를 받아 적어요. 시기를 알려 주는 자막도 꼬박꼬박 적고요. 그런 다음 맡았던 냄새가 사실인지 아닌지 확인하기 위해 다방면으로 꼼꼼하게 자료를 찾습니다. 해당 장면에 과연 어떤 수학적 사실이, 때론 어떤 과학적 철학이 담겨 있는지를 천천히 곱씹어 보죠.

"유레카!"

그러다 운 좋게 실제로 해석을 덧붙일 수 있는 연구 소재와 이론을 발견하면 잘 정리해서 기사와 짧은 토막글을 완성합니다. 그렇게 한 편, 두 편 기사를, 틈틈이 한 편, 두 편 토막글을 썼습니다. 그 사이 때론 대중의 호응을, 때론 대중의 불편한 시선을 마주하며 저 역시 성장했습니다. 그것들이 모여 이렇게 한 권의 멋진 인문학책으로 탄생하게 되었으니, 저는 이만하면 성덕(시쳇말로 성공한 덕후) 아닌가요?흐흐.☺

이 책에서는 영화를 크게 다섯 주제로 나누어 살핍니다.

하나, 영화 속에서 처음부터 끝까지 대놓고 수학스러운(!) 영화, 수학 영화를 소개합니다. 수학자가 주인공이거나 수학자의 일대기를 다룬 영화, 때론 영화를 이끌어 가는 요소가 수학 이론인 경우입니다. 그런데 이런 영화는 10년에 한 번 나올까 말까 여서 고전도 다뤘습니다. 〈이미테이션 게임〉이나 〈뷰티풀 마인드〉와 같은 명작을 정리해서 들려 드릴게요. 지금이 아니면 수학 영화를 언제 또 보겠어요.

둘, 영화 속에서 주인공이 겪는 어려움과 시시때때로 등장하는 위기의 순간 속에 '수학'이 빛을 발하는 영화를 소개합니다. 특히 범죄 영화에서 해결의 실마리를 찾을 때 종종 수학이 등장하지요. 〈셜록 홈스〉 시리즈나 〈용의자X〉에서 사건을 하나하나 짚어 보며, 우리 함께 찬란한 '수학의 위력'을 살펴봐요!

셋, 사람의 힘으로 해결할 수 없는 재난의 위기 속에서 '수학'이 도움을 주는 영화를 소개합니다. 이런 영화는 실감 나는 영상과 사실적인 표현을 위해 영화감독이 실제로 수학자나 과학자와 함께 작업합니다. 기획 단계부터 수학 아이디어가 포함되는 경우가 많죠. 〈메이즈 러너〉 시리즈나 〈명량〉 속 '문제 해결 전략'을 집중해서 분석해 볼게요.

넷, 겉으로 보기엔 수학과 전혀 상관없을 것 같지만, 작품 곳곳에 수학적인 해석이 담긴 영화를 소개합니다. 소설가이자 수학자인 루이스 캐럴의 대표작 〈이상한 나라의 앨리스〉 〈거울 나라의 앨리스〉 속 수학 이야기를 준비했어요. 히어로물의 대표작 〈배트맨〉에서도 수학을 찾아보겠습니다.

다섯, 애니메이션과 수학은 떼려야 뗄 수 없는 관계입니다. 실제로 애니메이션 한 편이 완성되기 전까지 수학자와 계속 협업합니다. 최근 작품들은 더욱 현실 세계를 반영해 볼거리가 풍성하죠. 3차원 애니메이션의 시작을 알린 〈토이 스토리〉부터 전 세계 어린이들을 '렛 잇 고~'로 하나 되게 한 〈겨울왕국〉까지 애니메이션 제작 과정 속 수학 이야기를 준비했어요.

본격적으로 이 여정을 시작하기 전에 당부의 말을 전합니다. 지금부터 이곳에 펼쳐지는 이야기는 누군가에게는 어색하고 억지스러운 시선일 수 있습니다. 문화와 예술을, 그것도 예술 작품의 일부를 수학과 과학의 잣대로 해석하는 괴변으로 치부될 수 있죠.

처음엔 절로 눈이 흘겨질지 모릅니다. 그러나 애정 어린 시선으로 한 영화, 한 영화 넘기다 보면 아마 점점 재미있는 일이 일어날 겁니다. 아마 이 책을 다 읽고 날 때 즈음엔, 저뿐만 아니라 곧 여러분도 영화마다 장면 속에서 수학을 찾고 있을 거라고 확신합니다. 이 병은 중독성이 아주 강하니까요. 헤헤.😊

끝으로 책이 나오기까지 무한한 인내와 기다림으로 믿고 맡겨 주신 출판사 팜파스 식구들과 특히 박선희 팀장님께 감사 말씀을 올립니다. 한편, 오래도록 지속되는 수학 사춘기를 앓는 제 옆에서 언제나 꿈에 한 걸음 더 다가갈 수 있게 묵묵히 응원해 주는 남편 최지훈 씨와 늘 엄마를 자랑스러워하는 사랑하는 두 아들 이현, 효원, 그리고 형제들, 부모님들께 감사를 전합니다.

10년 차 수학 전문 크리에이터가 전하는 영화 속 수학 이야기, 수학과 인문학이 만난 그 세상 속으로 지금 바로 출발합니다.

염지현

차례

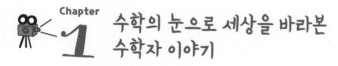

Chapter 1 수학의 눈으로 세상을 바라본 수학자 이야기

Chapter 2 수학으로 사건 해결의 실마리를 찾는다!

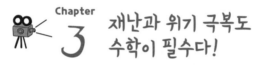

Chapter 3 재난과 위기 극복도 수학이 필수다!

Chapter 4 인문학과 수학은 떼려야 뗄 수 없는 사이라고!

Chapter 5 수학이 있어 진짜보다 더 진짜 같은 영화 속 가상현실 세계

Chapter

수학의 눈으로 세상을 바라본
수학자 이야기

이번 챕터에서는 처음부터 끝까지 어떤 '수학자'의 이야기를 풀어 놓은 영화만 모아 소개하려고 해요. 아무래도 영화 한 편이 될 만한 일화를 지닌 사람들이 주인공이겠지요. 네 편 모두 실화를 바탕으로 만들었어요.

첫 타자는 '제2차 세계대전'과 '암호'라는 두 키워드를 떠올리면 생각나는 한 사람, 바로 영국의 수학자 앨런 튜링이에요. 튜링의 일대기를 다룬 영화 〈이미테이션 게임〉에서 그가 전쟁 기간 동안 어렵게 완성한 '튜링 기계 제작기'를 엿볼 수 있어요. (▶1)

'수학자 영화'라고 하면 가장 먼저 떠오르는 영화 〈뷰티풀 마인드〉에서는 수학자 존 내시를 만날 수 있어요. 수학자로서 가장 찬란했던 젊은 날을 뒤로한 채 정신분열증에 걸려 평생 고생하다 50년 만에 병을 극복하고 노벨경제학상을 받은 주인공이지요. 몇 해 전, 존 내시가 정말 영화처럼 세상을 떠나면서 그의 인생 이야기가 다시금 화제가 됐어요. 영화에서 내시가 한참 활동하던 젊은 날의 활약을 소개할게요. 그의 특별한 이야기는 조금 각색된 내용으로 영화 〈프루프〉에서도 다뤄집니다. (▶2)

다음은 미 항공우주국(NASA)에서 기-승-전-도전, 기-승-전-최초를 이루며 역사를 다시 쓴 세 사람이 나오는 영화 〈히든 피겨스〉입니다. 인종차별, 성차별에 맞서면서 실력만으로 모든 것을 증명하는 사이다 영화지요. NASA 프로젝트를 성공적으로 이끈 숨은 주역(영어로 히든 피겨스)을 만나 볼게요. (▶3)

영화 〈무한대를 본 남자〉에서는 달라도 너무 다른 삶을 살아온 두 남자의 브로맨스가 그려집니다. 신분을 초월한 인도의 천재 수학자 라마누잔이, 영국의 괴짜 수학자 하디 교수를 만나 수학사에 한 획을 그어요. 특히 천재 수학자의 외로운 싸움이 인상적이에요. 수학자가 발견한 새로운 논리는 기존 이론을 근거로 설명해서 증명해야 해요. 그래야 다른 수학자들은 물론, 일반인에게도 소개할 수 있으니까요. 하지만 천재에게는 너무 당연한 논리를 구구절절하게 설명해야 한다는 것 자체가 고난이었죠. 이런 불편한 시선과 익숙하지 않은 환경에서 고통받던 그는 결국 병을 얻고 짧은 생을 마감해요. 신분, 학력, 종교, 차별의 벽 앞에서 당당히 맞선 라마누잔의 일생 이야기를 들어 보세요. (▶4)

아무래도 모두 수학자의 일생과 업적을 다루는 영화이다 보니, 내용이 가볍지 않아요. 크게 심호흡하고 시작해 볼까요? 지금 바로 출발합니다!

▶

1

현대 컴퓨터의 초기 구조를 떠올린 수학자, 앨런 튜링

〈이미테이션 게임〉

#제2차세계대전 #에니그마 #앨런튜링 #퍼즐마니아 #괴짜수학자 #동성애자 #튜링기계 #튜링테스트 #이미테이션게임 #자동연산장치 #봄브 #콜러서스 #크리스토퍼 #에이스 #인공지능 #전자두뇌 #암호해독 #암호학 #컴퓨터과학

독일, 에니그마로 완전 무장하다

1939년 9월, 독일이 폴란드를 침략하면서 제2차 세계대전이 일어났다. 영국, 프랑스, 미국, 러시아(당시 소련) 등은 연합해 독일과 맞섰다. 이미 제1차 세계대전에서 패배의 경험이 있던 독일은 치밀하고 철저하게 전쟁을 준비했고, 덕분에 독일군은 그 어느 때보다 막강했다. 기세를 몰아 독일군은 덴마크, 노르웨이, 네덜란드, 벨기에, 프랑스 등 유럽 대륙을 차례로 점령해 나갔다. 영국도 예외는 아니었다. 독일은 비행기 폭격으로 영국을 위협했다. 영국은 유럽 주변국의 패배를 지켜보면서 막강한 독일군과 싸울 특별한 전략을 세우며 전쟁을 준비했다.

영화 〈이미테이션 게임〉은 이 시기에 앨런 튜링이 굵직하게 활약하는 일화를 그렸다. 전쟁과 같은 혼란 속에서 세상의 인정을 얻으려 애쓰는 앨런 튜링의 모습을 볼 수 있다.

한편, 제2차 세계대전은 서로 상대국의 군사 기밀을 알아내려고 온 갖 방법을 동원했다. 특히 독일군은 '에니그마(Enigma, 그리스어로 수 수께끼)'라는 기계로 만든 **암호★**를 모스 부호로 바꿔 무전으로 메시지 를 주고받았다. 이 암호는 웬만해서는 그 내용을 알기 힘든 당시 최고 기술이었다. 이때 에니그마란, 제1차 세계대전이 끝난 뒤 1918년 독 일의 엔지니어 아르투어 세르비우스가 만든 암호 생성 장치다. 타자 기처럼 생긴 에니그마는 문장을 입력하면 기계가 자동으로 암호로 만 든다. 또 장치에 전송받은 암호문(같은 규칙으로 만들어진 암호문이라면

에니그마 플러그보드

또는 암호 규칙도 함께 알고 있다면)을 입력하면 원래의 내용으로 해독할 수도 있다.

당시 에니그마의 작동 원리를 살펴보자. 에니그마는 키보드가 가장 먼저 눈에 띄어 언뜻 보면 타자기처럼 보인다. 하지만 그 내부 구조는 훨씬 복잡하다. 키보드와 연결된 톱니바퀴 여러 개와 복잡한 전기회로, 그 끝엔 모니터 역할을 하는 램프보드가 있다. 여기서 램프보드란, 계산을 마친 에니그마가 암호화된 알파벳 결과를 보여 주는 장치다. 각 알파벳 위에 또는 근처에 전구가 달려 사용자에게 결과를 알려 줘야 할 때마다 불이 들어온다.

키보드와 연결된 에니그마 속 톱니바퀴는 원반이라고 부르는데, 이 원반에는 그 둘레를 따라 26개의 알파벳이 쓰여 있다. 키보드에서 알파벳을 누르면, 에니그마 안에서 이 톱니바퀴가 돌면서 정해진 암호 규칙에 따라 새로운 알파벳으로 암호화한다. 이때 설정하는 암호 규칙에 따라 매번 다른 결과를 얻을 수 있다.

보통 우리가 일컫는 '**암호**'에는 크게 두 가지 의미가 있다. 하나는 사람들이 SNS나 웹사이트를 이용할 때 'abcd1234(예시)'와 같이 사용자의 개인 정보를 감추기 위한 비밀번호(password)다. 또 다른 하나는 이렇게 입력한 비밀번호가 정해진 알고리즘을 따라 0과 1로만 된 디지털 언어로 변환돼 '컴퓨터만 아는 문자'를 칭하는 암호(cipher)가 있다.
이 글은 물론 수학자의 연구에 등장하는 '암호'란 대부분이 사용자가 입력한 비밀번호(password)를 누군가 쉽게 알아낼 수 없는 암호(cipher)로 그 형태를 바꾸는 과정을 말한다. 또는 이미 암호(cipher)로 꼭꼭 숨겨진 중요한 정보를 해석하는 과정을 의미한다.

　알파벳이 26개씩 적힌 톱니바퀴가 3개만 연결돼 있어도, 조합이 가능한 경우의 수가 모두 1만 7576(=26×26×26)가지. 그런데 에니그마는 이 원반에 전기 회로까지 연결돼 있어 더욱 복잡한(풀기 어려운) 암호문을 완성할 수 있었다.

　이런 에니그마 암호는 치환 암호의 한 종류다. 치환 암호는 메시지를 이루는 알파벳을 일정한 규칙에 따라 다른 알파벳으로 치환해 암호문을 완성한다. 예를 들어 암호 규칙이 '알파벳을 모두 두 칸씩 뒤로 미루는 것'이라면 a는 c로, b는 d로 바꿔 쓴다. 만약 이 규칙대로라면 에니그마 기계에 자판으로 'math'를 누르면, 'ocvj'로 암호문이 완성된다.

　하지만 에니그마는 단순한 치환 암호보다 몇 단계나 더 높은 수준의 암호문을 완성할 수 있었다. 오른쪽 그림에서처럼 키보드에서 Q를 누르면 단순히 몇 칸 앞 또는 몇 칸 뒤 알파벳이 아니라 복잡한 전기 회로를 거쳐 U라는 결과를 완성했다.

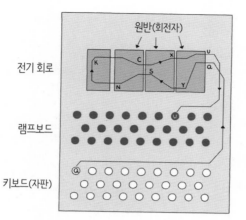

에니그마 암호는 치환 암호의 한 종류인 비즈네르 암호★ 원리를 확장한 체계를 사용한다. 비즈네르 암호는 하나의 암호문을 만들 때도 a는 3칸 뒤, b는 2칸 뒤, c는 5칸 뒤처럼 알파벳마다 다른 규칙으로 치환할 수 있다. 게다가 에니그마 기계 내부의 전기 배선을 다르게 설정하면 더 복잡한 암호문도 완성이 가능하다.

★**비즈네르 암호**는 1586년에 처음 프랑스의 암호학자 블레이즈 드 비즈네르가 발견했다고 알려졌었다. 하지만 나중에 1553년에 이탈리아 암호학자 조반 바티스타 벨라조가 더 앞서 정리했던 기록이 발견됐다.

따라서 에니그마 암호는 모든 알파벳에 대응하는 암호 규칙을 일일이 찾아야 그 내용을 알 수 있다. 그래서 일반 치환 암호보다 훨씬 강력하다. 각 알파벳을 바꾸는 암호 규칙을 '암호키'라고 하는데, 암호키를 모르면 암호문을 해독할 수 없다.

이렇게 든든한 암호 기술을 갖춘 독일군은 적군이 통신 내용을 도

청한다고 해도 암호문을 절대 해독할 수 없을 거라고 자신했다. 실제로 영국군은 매일같이 독일군의 무전을 도청했지만, 수년 동안 그 내용을 쉽게 알아내지 못했다. 그도 그럴 것이 독일군이 에니그마로 만든 암호는 그 경우의 수가 무려 158,962,555,217,826,360,000가지나 됐다.

에니그마 암호를 해독할 방법은 단 하나. 누군가 이 복잡한 기계의 암호 규칙을 알아내는 것뿐이었다. 영국군은 어렵사리 에니그마 기계를 손에 넣었는데, 에니그마 기계가 있다고 해서 암호문을 해독할 수 있는 건 아니었다. 암호를 해독하려면 기계는 물론, 암호 규칙(암호키)이 동시에 필요했다.

하지만 어마어마한 경우의 수가 말하듯, 암호 규칙을 알아내는 일은 몇 사람의 힘만으로 할 수 없는 일이었다. 게다가 이 암호 규칙은 매일 밤 12시, 24시간에 한 번씩 달라졌다. 만약 누군가 혹은 어떤 조직이 아무리 애를 써서 알아내더라도 24시간 안에 알아내지 못하면 무용지물이 되는 셈이다. 영국군은 백방으로 누구보다 뛰어난 인재를 찾기 시작했다.

퍼즐과 암호를 사랑한 튜링, 전쟁에 참여하다

영국군은 독일군의 철옹성 같은 암호를 풀기 위한 비밀 조직을 꾸

16살 때 앨런 튜링

린다. 영화에서도 영국 해군 소속 데니스턴 중령이 이 암호를 해결할 인재를 찾아 여러 날 면접을 하는 장면이 나온다. 인재를 물색하던 중 기꺼이 조직을 돕겠다는 한 남자가 데니스턴 중령을 찾아온다. 그 해로 27살인 앨런 튜링이었다. 그는 세계적인 명문 캠브리지대학교 킹스칼리지 출신으로, 23살에 수학 논문을 쓰고, 24살에 교수로 임용된 타고난 천재 수학자였다.

소문이 자자한 그의 수학 실력에 데니스턴 중령도 경의를 표했다. 그러자 튜링은 "뉴턴은 22살에 이항 정리★를 증명했고, 아인슈타인은 26살에 논문 4편으로 세상을 바꿨다"며 그들과 비교하면 기본 수준이라고 자신을 낮췄다.

★이항 정리란 $(a+b)^n$과 같이 두 항의 합$(a+b)$ 전체의 거듭제곱(n)을 전개하는 법을 보이는 공식을 말한다. 가장 쉬운 예로 $(a+b)^2=a^2+2ab+b^2$과 같은 공식이 잘 알려져 있다.

사실 튜링이 이 조직에 관심을 둔 이유는 따로 있었다. 바로 '암호를 향한 남다른 열정' 때문이다. 그는 높은 연봉과 함께 당대 최고 수학자인 존 폰 노이만★이 제시한 조교 자리까지 마다하고 영국 정보암호학교에서 일할 만큼 암호를 사랑했다.

앨런 튜링은 사람보다 계산이 빠른 컴퓨터로, 보통 수학자가 손으로 풀기 어려운 문제

1940년대 존 폰 노이만

★존 폰 노이만은 헝가리 출신의 미국 수학자로, 20세기 수학자 중 가장 중요한 인물로 꼽힌다. 그는 일생에 걸쳐 논문 140여 편을 발표했다. 순수 수학 분야에서 60편, 응용 수학 분야에서 60편, 물리학 분야에서도 논문을 20편이나 썼다. 이처럼 그는 수학뿐만 아니라 컴퓨터공학, 물리학, 생물학 등 다양한 연구를 하며 각 분야에 굵직한 업적을 남겼다.
대표적인 업적으로 컴퓨터 연구에 뛰어든 뒤, 존 폰 노이만은 이진법 원리를 이용하는 프로그래밍의 기본 골격을 완성했다. 컴퓨터로 기상 예측을 할 수 있는 프로그램을 최초로 완성하기도 했다.

를 해결하려고 했다. 그는 컴퓨터의 원조인 튜링 기계, 튜링 테스트, 에이스라고 부르는 자동연산장치 등을 설계해 '컴퓨터과학' 분야를 열었다.

튜링 기계는 실제 만들어진 적은 없는 가상 기계이며, 컴퓨터가 모든 정보를 0과 1만으로 이루어진 디지털 언어(이진법 언어)로 바꿔서 인식할 수 있다는 걸 설명해 내는 최초의 장치다. 실제로 이 원리가 훗날 컴퓨터를 만드는 데 쓰여서, 컴퓨터는 모든 정보를 0과 1로만 인식할 수 있도록 설계됐다.

이 영화 제목인 〈이미테이션 게임〉은 튜링이 고안한 '튜링 테스트'를 뜻한다. 튜링 테스트는 상대가 컴퓨터인지 사람인지를 모르는 상태에서, 서로 나눈 대화만 보고 상대의 정체를 알아내는 시험이다. 이 시험으로 특정 상대와 "오늘 날씨 어때?"와 같은 단순한 대화는 물론, 일정 수준 이상의 전문적인 대화도 가능한지 확인할 수 있다. 다시 말해 이 시험은 '사람처럼 생각하는 기계'를 만드는 과정에서 꼭 필요한 판별법이다.

오늘날에는 하루에도 몇 번씩 기계에게 오늘 날씨를 물을 수 있다. 하지만 당시에 '사람처럼 말하는 기계', '사람 대신 계산하는 기계'는 상상 속에서만 존재했다. 이 분야에 관심 있는 전문가도 기계가 사람처럼 '생각'을 할 수 있어야만 이런 기계를 완성할 수 있다고 여겼다.

영화 〈이미테이션 게임〉 스틸 컷.
자신이 설계한 암호 해독 장치를 물끄러미 바라보는 앨런 튜링

　튜링은 이런 기계를 자신의 능력으로 완성할 수 있다고 믿었다. 그 래서 더욱 '생각하는 기계'를 설계하는 일에 집중했다. 영화에서 튜링 은 마치 사람처럼 생각하고 계산해서 답을 주는 기계, '크리스토퍼'를 완성한다. 크리스토퍼는 암호문을 모두가 이해할 수 있는 평문으로 자동 해석하는 기계다.

　다시 영화 속 면접 장면으로 돌아가 보자. 데니스턴 중령이 던진 "독일어는 얼마나 잘하느냐"는 질문에, 튜링은 "독일어는 전혀 못한 다"고 답했다. 중령은 '독일군의 암호를 푸는 것'이 이 조직의 목표임 을 강조하며, 방금 면접 본 독일어 천재(?)도 탈락의 고배를 마셨다며 그를 한심하게 바라봤다.

그러자 튜링은 "독일어는 몰라도 퍼즐은 정말 잘 푼다"며, "독일군의 암호를 퍼즐이라고 생각하면 된다"고 엉뚱한 답변을 한다. 데니스 턴 중령은 독일군 암호를 해독해야 하는 일에 독일어를 모르는 튜링은 적합하지 않다고 생각했지만, 당대 최고의 인재를 믿기로 한다. 마침내 영국은 튜링을 포함해 뛰어난 수학자들로 비밀 조직을 꾸린다. 이 조직은 당시 영국 정부 암호 학교가 있었던 '블레츨리 파크' 안에서 본격적으로 활동을 시작했다.

기계가 만든 암호는 기계가 가장 잘 풀지 않을까?

영국군은 독일군의 암호를 풀어 전쟁에서 가장 중요한 정보를 미리 알고 싶어했다. 예를 들어 '그날 공격하는 지역', '사용할 전술', '군함 정보나 사용할 무기에 대한 정보' 같은 것들 말이다. 따라서 비밀 조직원의 하루는 독일군의 아침 무전을 분석하는 것으로 시작했다. 독일군은 매일 아침 6시에 날씨 정보를 전달하는 것을 시작으로 하루 꼬박 무전을 이어 갔다.

튜링은 기계가 만든 암호는 기계가 풀어야 한다는 신념이 있었다. 그는 에니그마 암호를 완벽히 해독할 장치를 설계했다. 물론 혼자는 아니었다. 비밀 조직에 모인 뛰어난 수학자들과 함께였다. 당시 조직에는 어렵게 손에 넣은 에니그마 초기 모델의 암호 규칙을 먼저 알아낸 사람이 있었다. 폴란드 수학자 마리안 아담 레예프스키였다. 그는 계속해서 암호 해독에 관한 연구를 이어 갔고, 튜링은 그의 연구를 바탕으로 '봄브(또는 봄베, The Bombe)★'라는 이름의 새로운 암호 해독 장치를 완성했다.

★봄브는 폴란드 수학자 마리안 아담 레예프스키가 최초로 설계 (1938년)하고, 1939년~1940년에 걸쳐 앨런 튜링과 동료 수학자 고든 웰치먼이 함께 기능을 개선했다.

봄브는 적국이 에니그마 기계로 만든 암호문을 분석하고 해독하는 암호 해독 장치다. 즉, 봄브는 상대방이 전할 메시지를 암호로 만들 때 설정한 에니그마의 암호 규칙, 기계 내부 원반의 초기 설정값, 에니그마 내부의 전기 배선 연결 상태값 등을 먼저 알아냈다. 그 다음 에니그마가 메시지를 암호문으로 만드는 원리를 거꾸로 적용해 암호문을 원래 메시지로 해석했다.

영화 속에서 이 봄브는 앨런 튜링이 학창 시절 친구 이상의 감정을 느꼈던 친구의 이름인 '크리스토퍼'라는 애칭을 붙인 기계로 각색됐다.

튜링은 봄브를 완성하면 틀림없이 독일군의 암호를 풀 수 있을 거라고 믿었다. 하지만 1년이 넘게 지나자, 주변 사람들은 그의 능력을 의심했다. 게다가 튜링은 자신과 다른 생각을 하는 사람들을 설득하는 기술이나 사회성이 조금 부족한 편이었다. 분명 혼자서는 절대 해결할 수 없는 프로젝트였으니 조직원들과 문제점을 공유하고 같이 고민해야 했다. 그러나 튜링은 다른 사람을 쉽게 믿지 못했고, 결국 갈수록 큰 갈등을 겪게 되었다.

갈등이 커지자 조직원 사이에 불신이 극에 달했다. 그러던 사이, 성과를 기다리던 영국군도 지쳐서 급기야 조직을 해산시키려는 움직임까지 보였다. 사람들은 미완성된 봄브의 가동을 멈출 기회를 호시탐탐 엿봤다. 튜링에게 남은 시간은 얼마 없었다.

튜링이 계속해서 봄브(영화에서는 '크리스토퍼') 개발에 집중하는 사이, 독일군은 여전히 에니그마로 만든 암호를 모스 부호로 주고받으며 하루를 시작했다. 튜링의 프로젝트를 돕는 이들 중에는 하루 동안 독일군의 무전 내용을 엿듣고 문서로 정리하는 일을 하는 사람도 있었다. 주로 여성 전산 담당자(오늘날 프로그래머)가 맡았으며, 각자 독일군 1명을 전담해 그들의 모스 부호를 가로채 기록했다.

영화에서는 튜링의 약혼녀 친구인 헬렌이 그 일을 맡았는데, 헬렌은 튜링과 우연히 마주한 자리에서 '독일 남자와 매일 함께 일하는 사람'이라며 자신을 소개했다. 이때 사회성이 없는 튜링은 이 말을 곧이곧대로 듣고 "어떻게 독일과 전쟁 중인데 독일 남자와 일할 수 있느냐"고 되묻는다. 그러자 헬렌은 실제로 독일 남자와 일하는 게 아니고, 매일 독일군의 무전 내용을 엿듣는 일을 하니 '독일 남자와 일한다'고 농담한 거라고 설명했다.

헬렌은 모스 부호(독일군의 무전)는 사람마다 리듬이 달라서 듣고 있노라면 대화처럼 느껴진다고 했다. 게다가 몇 년째 한 사람의 모스 부호만 듣다 보니, 마치 연인과 이야기하는 느낌이라고 설명했다. 헬렌은 그러면서 "그(담당 독일군)는 애인이 있긴 하지만….."이라고 말을 흐렸는데, 이 말에서 튜링은 문제를 해결할 아이디어를 얻는다.

잠시 생각하던 튜링이 헬렌에게 '그 독일군에게 애인이 있다고 추측하는 이유'를 확인차 되물었다. 헬렌은 "그의 모든 메시지는 C-I-L-L-Y(실리, 영화에서는 독일군의 애인 이름으로 추측)라는 다섯 글자로 시작된다"고 대답했다.

앞에서 설명한 에니그마 암호의 원리만 따르면, 독일군의 메시지는 무작위적인 다섯 글자로 시작해야 한다. 하지만 헬렌의 이야기가 사실이라면 암호 해독은 조금 쉬워진다. 에니그마는 알파벳을 순서대로 입력한 톱니바퀴 여러 개와 복잡한 전기 회로를 통과해 암호문을 만드는 장치다. 만약 첫 문장을 만든 암호 규칙(암호키)를 알면, 그 다음 문장을 해독하기가 훨씬 쉬워진다.

영화 속 튜링은 독일군이 보내는 모든 메시지에 반드시 포함될 문장을 떠올리기 시작한다. 헬렌과 대화하며 모든 메시지에 등장한다는 'CILLY'라는 단어를 떠올리면서 본격적으로 암호 규칙을 찾아 나선다. 그리고 튜링은 독일군이 매일 아침 6시에 주고받는 기상 예보 메시지를 생각해 냈다.

"오전 6시. 오늘 날씨 맑음. 저녁에 비 예상. 하일 히틀러."

튜링은 이 문장에서 '오전 6시(6AM)' '날씨(weather)' 나치 경례인 '하일 히틀러(Heil Hitler, 히틀러 만세)'와 같이 매일 반복되는 단어를 떠올렸다. 이때 암호 해독을 돕는 어떤 단어, 즉 힌트를 '크립'이라고 부르는데, 튜링이 곧바로 동료들과 함께 설계 중인 기계, 크리스토퍼에다 반복 단어 중 '날씨(weather)'와 '하일 히틀러(Heil Hitler)'를 크립으로 설정했다. 기본 설정값을 입력하면 크리스토퍼가 암호 해독을 위해 자동으로 돌면서 26개의 알파벳을 짝지어 보고, 이를 해석했을 때 말이 되는 경우를 찾아내는 원리다.

영화에서는 그날 아침 무전에서 들었던 '오전 6시'에 해당하는 암호문을 크리스토퍼에 입력한다. 크리스토퍼가 얼마 동안 여러 개의 톱니바퀴를 돌리며 계산하더니, 마침내 에니그마 암호를 풀 수 있는 암

호 규칙을 찾아냈다. 튜링이 크리스토퍼로 알아낸 암호 규칙을 에니그마 기계에 설정하고, 결과를 기다렸다. 그리고 마침내 독일군의 공격 위치 좌푯값을 얻게 된다. 마침내 튜링은 완벽해 보였던 암호를 해독하는 장치를 개발(1939년)해 낸 것이다.

"우리는 독일군과 싸우지 않았다. 우리는 시간과 싸웠다"

봄브의 탄생으로 영국군은 독일군이 주고받는 암호를 단 몇 시간 만에 해독할 수 있게 됐다. 전쟁 분위기는 완전히 연합군 쪽으로 기울었다. 하지만 얼마 시간이 지나지 않아 독일군이 암호 해독 사실을 눈치채면서, 에니그마 암호보다 풀기 어려운 로렌츠 암호(Lorenz cipher)★를 사용했다. 로렌츠 암호로 바꾸자, 봄브는 더 이상 암호 해독을 할 수 없게 된다. 이에 튜링과 비밀 조직원들은 로렌츠 암호를 풀어 줄 새로운 암호 해독 장치를 개발한다. 이때 만든 새 암호해독 장치가 바로 최초의 컴퓨터로 불리는 '콜로서스'다.

콜로서스는 암호문을 구멍이 뚫린 종이테이프 형태로 옮겨서 기계에 입력하면, 여기에 빛을 쬐어 순식간에 입력된 정보를 받아들인다. 그러면 콜로서스에 입력된 암호문(각각의 알파벳)과 미리 저장해 둔 방대한 암호 자료를 비교해 암호 해독을 시작한다. 이때 자료 분석 처리

★**로렌츠 암호**란 에니그마 암호보다 한 단계 더 높은 수준으로 암호화 단계를 거친다.
왼쪽 사진에서 보는 것처럼 기계 모습은 에니그마와 거의 비슷하다.

로렌츠 암호 생성기

속도는 초당 5000단어까지 비교가 가능했다.

　마침내 튜링과 조직원들은 로렌츠 암호를 해독해 내는 콜로서스를 성공적으로 개발하고, 암호 해독에 속도를 높여 독일군의 전략을 분석한다. 그 덕분에 전쟁을 더 빨리 끝낼 수 있었고, 매분 3명이 죽는 사상 최악의 전쟁에서 1400만 명의 목숨을 구했다.

　이렇게 어떤 정보를 처리하기 위해 수학자들이 설계한 논리를 따라 프로그램을 만들어 기계에 입력하고, 또 기계가 이것을 계산할 수 있었다는 점에서 콜로서스는 최초 컴퓨터가 맞다. 하지만 당시 군사 기밀이었던 이 내용은 정부의 비밀 정책에 따라 30년 동안이나 숨겨야 했다. 심지어 설계도까지 모두 없애고, 조직원들에게 비밀 유지서약을 받았다. 콜로서스의 존재는 1975년이 돼서야 영국 정부의 사진 공개로 세상에 알려졌다. 이런 이유로 사람들은 콜로서스보다 2년이나 늦게 개발된 미국의 에니악이나 ABC 컴퓨터를 최초 컴퓨터로 여졌다.

오늘날에는 4차 산업혁명과 함께 '인공지능' 관련 연구가 빠른 속도로 발전하면서 다양한 기술이 많이 소개됐다. 인공지능과 관련된 제품도 쏟아져 나왔다. 하지만 튜링이 살던 시대에는 컴퓨터를 커다란 계산기쯤으로 여겼고, 기계가 사람처럼 생각해서 판단할 수 있다는 상상도 어려운 시대였다. 영화 후반부에 다다라 튜링은 "기계가 생각할 수 있는가"라는 질문에 "(생각은 할 수 있지만) 사람과는 다른 논리 구조로 생각한다"고 답한다. 영화에서나 현실에서나 그는 분명 시대를 앞선 사람이었던 것만큼은 확실하다.

여러 프로젝트를 성공적으로 마치며 찬란할 것만 같았던 천재 수학자 앨런 튜링의 말년은 비참했다. 당시 영국 정부가 법으로 금지한 동성애 혐의로 튜링은 유죄 판결을 받는다. 법원에서 그에게 10년 감옥 생활 또는 여성 호르몬 주사를 맞는 화학적인 거세 중 하나를 택하라고 명령했다. 그는 연구를 계속하기 위해 화학적인 거세를 택했다. 하지만 여성 호르몬의 영향으로 정신적, 육체적 고통을 받으며 괴로워했고, 1945년 6월 5일 자살인지 타살인지 모를 의문의 죽음을 맞이했다(역사는 자살이라고 기록한다). 죽은 그의 옆에는 청산가리에 담겼던 흔적이 있는 먹다만 사과만 남아 있었다. 그가 만약 조금 더 오래 살았더라면, 우리는 지금보다 몇 년은 더 빠르게 인공지능 기술을 접할 수 있지 않았을까? 어쩌면 지금쯤 '사람처럼 생각하는 컴퓨터'를 사용하고 있었을지도 모른다.

2

정신분열증을
극복한 대수학자,
존 내시

〈뷰티풀 마인드〉 〈프루프〉

#내시균형 #내시평형 #게임이론 #죄수의딜레마 #존내시
#정신분열증_극복_수학자 #노벨경제학상 #아벨상 #뷰티
풀마인드 #아름다운정신 #아름다운마음

존 내시, 그는 누구인가?

지난 2015년 5월 23일, 미국 프린스턴대학교 존 내시 교수가 교통
사고로 세상을 떠났다. 노르웨이 왕가가 2003년부터 당대 최고의 수
학자에게 주는 '아벨상'을 받고, 미국 자신의 집으로 돌아오는 길이었
다. 여기까지만 보면 '저명한 수학자의 안타까운 죽음' 정도로 여길
수 있다. 하지만 그가 살아온 인생은 영화 여러 편으로 나눠 담길 정
도로 특별했다.

영화 〈뷰티풀 마인드〉에서는 젊은 시절의 내시를 만날 수 있다. 내
시가 수학계에 가장 빛나는 업적을 쌓던 시기는 대학생 시절이다. 영
화는 그가 대학에 입학할 무렵부터 정신분열증을 극복하고 노벨경제
학상까지 받는 일대기를 다뤘다. 천재지만 젊은 나이에 정신분열증에

2006년 존 내시의 모습
Peter Badge / Typos1-OTRS
submission by way of Jimmy
Wales

걸려 30년 이상 괴롭게 살다가 기적처럼 불치병을 극복하고 노인이 돼서야 영광을 되찾는 이야기다.

존 내시. 그는 1928년 미국 버지니아주에서 태어났고, 책 읽기를 아주 좋아하는 학생이었다. 내시는 전액 장학금을 받고 지금의 카네기멜론대학교에 입학해 화학공학에서 화학, 화학에서 다시 수학으로 전공을 바꾸며 열아홉 살에 이미 학사와 석사 학위를 받았다. 당시 그는 '젊은 가우스(독일의 유명한 수학자)'라고 불릴 정도로, '세기가 주목하는 수학자'였다.

스무 살이 되던 해에는 지도 교수가 써 준 '내시는 천재다'라는 추천서만으로 미국 프린스턴대학교 대학원 과정(수학과)에 역사상 최고 장학금을 받고 들어갔다. 이처럼 내시는 물 흐르듯 꽃피는 전성기를 맞이할 준비를 하고 있었다. 마치 증명이라도 하듯 서른 살이 되던 해, 그 업적을 인정받아 수학계의 노벨상이라고 불리는 필즈상★ 후보로 올랐다. 하지만 후보로 오른 그때 나이가 너무 어리다는 이유 등으로 메달을 받지 못했다.

★필즈상은 4년에 한 번씩 열리는 세계수학자대회(ICM)에서 업적을 남긴 만 40세 미만의 젊은 수학자들에게 주는 상이다. 수학계의 노벨상이라고 불린다.

수상의 기회를 놓쳤지만, 내시는 보란 듯이 연구를 계속 이어 갔다. 특히 내시는 '악마의 문제'로 불리던 리만 가설에 도전장을 내밀었다.

리만 가설은 1859년 독일 수학자 베른하르트 리만이 낸 소수와 관련된 문제다. 리만 가설은 수의 성질을 다루는 수학의 한 분야인 정수론에서 최고 난이도 문제다.

소수는 1과 자기 자신을 제외한 어떤 수로도 나눠지지 않는 수다. 물리학에서 '원자'가 가장 작은 단위라면, 정수론에서는 '소수'를 원자만큼이나 중요하고 특별한 단위로 여긴다. 소수는 2, 3, 5, 7…과 같이 불규칙한 성질이 눈에 띄는데, 아주 오래 전부터 이런 불규칙한 소수 속에서 특별한 성질을 찾기 위한 노력은 계속돼 왔다.

특히 수학자 가우스는 어떤 수보다 작은 소수의 개수를 알려 주는 '소수 정리(방정식의 한 종류)'를 발표했는데, 이 정리를 만든 가우스조차 소수 정리를 수학적으로 증명하지는 못했다. 그래서 훗날 리만이 이 소수 정리를 증명하려고 리만 가설을 세우고, 소수의 비밀을 풀기 위해 노력했었다.

내시의 저력을 알기에 사람들은 내시가 리만 가설을 증명해 줄 것이라고 내심 기대했다. 하지만 이게 무슨 운명의 장난일까. 이른 나이에 주목받던 신예 수학자 존 내시는 필즈상 후보로 오른 이듬해, 인생의 최대 위기를 맞는다. 내시는 망상과 환청에 시달렸다. 정신분열증 판정을 받은 것이다. 그럼에도 연구 활동을 이어 갔지만 그는 공식적인 자리에서도 이런 증세를 숨기지 못했다.

1959년 미국에서는 리만 가설이 세상에 소개된 지 100주년을 기념하는 행사가 열렸다. 내시는 여기서 리만 가설과 관련된 자신의 연구 내용을 발표하기로 했다. 그런데 내시는 발표 도중 논리를 벗어나는 발언을 하고, 더듬거리며 말을 잇지 못하는 행동 등을 보였다. 하필 중요한 순간에 정신분열증 증세가 나타난 것이다. 망상과 환청에도 시달렸다. 미국 매사추세츠공과대학교(MIT) 정교수로 임명되기 직전에 일어난 일이다. 결국 그는 교수 자리를 지키지 못했다.

먼 훗날 내시는 이 사건을 떠올리며 "리만 가설의 복잡한 내용에 몰두한 나머지 내 정신이 무너졌다"고 회상했다. 내시의 이런 사연이 전해지자, 수학계에서는 거의 40년 동안 리만 가설 문제를 멀리했다. '수학자의 영혼을 갉아먹는 악마의 문제'라는 별명이 붙은 것도 이 때문이었다.

그래도 내시는 자신의 인생도, 연구도 멈추지 않았다. 하지만 시간이 속절없이 흘렀다. 내시가 고뇌하는 동안 필즈상을 받을 수 있는 만 40세가 훌쩍 넘었고, 필즈 메달을 받을 기회도 다시 오지 않았다. 그는 병원과 집을 오가며 끊임없이 누군가의 보살핌과 약물 치료를 받아야만 했다. 우여곡절이 있었지만 그의 곁을 아내가 지켜 주었다.

아내 알리샤는 그의 정신분열증 투병 과정을 견디기 힘들어 이혼 절차를 밟고 한동안 떨어져 지낸 적도 있었다. 그래도 그녀는 종종 그를 찾아와 돌봤고, 훗날 내시와 다시 재혼한다.

내시는 비록 필즈상은 놓쳤지만, 아내의 도움으로 서서히 사람들과 교류하며 증세가 호전돼 1994년 노벨경제학상을 받았다. 더 기쁜 일도 있었다. 2015년에는 평생의 수학 업적을 인정받아 아벨상★의 주인공도 됐다. 그런데 내시와 알리샤는 인생에서 가장 영광스러운 순간(아벨상 수상)을 함께하고 집으로 돌아오는 길에 불의의 교통사고를 당했다. 87세 생일을 열흘 앞둔 내시와 조금 나아진 삶과 영광을 누릴 법도 한 알리샤는 그렇게 함께 세상을 떠났다. 영화보다 더 영화 같은 내시 부부의 죽음은 한동안 수학계를 떠들썩하게 했다.

★**아벨상**은 수학자 아벨 탄생 200주년을 기념해 만든 상이다. 평생 업적이 뛰어난 수학자에게 수여한다. 2002년에 처음 결정돼 2003년에 첫 수상자를 배출했다. 제1회 수상자는 프랑스의 장 피에르 세르 교수다. 세르 교수는 주 연구 분야인 정수론뿐만 아니라, 현대 수학의 거의 모든 분야에서 최고 업적을 쌓았다. 세르 교수는 1954년 27세에 필즈상을, 2000년에는 수학계 최고 권위의 울프상을, 그리고 2003년에는 아벨상을 받았다. 이 3개 상을 모두 받은 수학자는 2020년 2월 현재 세르 교수를 포함해 단 4명뿐이다.

게임에서 이기는 전략을 수학으로 분석하다, 내시 균형

그의 이야기를 다룬 영화 〈뷰티풀 마인드〉는 개봉한 지 20년이나 지났지만, 수학계에서는 여전히 명작으로 꼽힌다. 워낙 수학자의 일생을 다룬 영화가 드문데다가, 몇 해 전 주인공인 실존 인물 내시가 마치 영화처럼 세상을 떠나면서 더 주목받았다.

20대 내시는 수학자로서 가장 빛났다. 내시에게 노벨경제학상을 안긴 업적도 22살 때 프린스턴대학교에서 박사 학위를 받기 위해 쓴 27쪽짜리 학위 논문에서 출발한다. 이 논문에서 그는 게임 이론★의 핵심 개념인 '내시 균형

★**게임 이론**은 게임에서 이기는 전략을 수학적으로 해석하는 이론을 말한다.

(또는 내시 평형)'을 소개했다.

내시는 각자가 이익을 최대로 얻으려고 경쟁하는 상황을 '게임'이라고 정의했다. 이 게임에서 가장 큰 특징은 참가자가 서로의 행동과 전략을 예측한다는 점이다. 내시는 게임 이론에 따르면, 이런 현상을 수학적으로 분석하고 설명할 수 있다고 주장했다.

게임 이론은 일상적인 예시에도 적용할 수 있다. A, B 두 사람이 '가위바위보 하나 빼기' 게임을 하려고 한다. 가위바위보 하나 빼기 게임의 규칙은 양손에 가위, 바위, 보 중에 적절하게 두 개를 골라내고, 상대의 패에 따라 자신에게 유리한 것을 선택해 내는 게임이다.

가위바위보 하나 빼기에서 고려해 볼 수 있는 경우의 수를 (오른손, 왼손)으로 나타내 보자. 두 사람 모두 (가위, 가위), (가위, 바위), (가위, 보), (바위, 가위), (바위, 바위), (바위, 보), (보, 가위), (보, 바위), (보, 보) 중 하나를 선택할 수 있다. 만약 A가 (가위, 바위)를 내고 B가 (보, 가위)를 낸 경우를 게임 이론으로 분석해 보자.

이때 누군가의 이익은 1, 누군가의 손해를 −1로 표시해 보자. 여기서는 (A, B)로 A의 상태와 B의 상태를 차례로 표시했다.

수학에서는 이를 보수 행렬이라고 부른다. 여기서 말하는 보수란 '보상'의 의미로 각 선택에 따라 얻을 수 있는 이익을 숫자로 나타낸 것이다. 그런데 이때 모든 경우의 수에서 보수 행렬 A+B의 합은 모두 0이 된다. 이를 '제로섬(zero−sum, 더해서 0이 되는)' 게임이라고 부른다.

A＼B	보	가위
가위	A 이김	비김
바위	B 이김	A 이김

A＼B	보	가위
가위	(1, −1)	(0, 0)
바위	(−1, 1)	(1, −1)

이런 제로섬 게임 상황에 놓였을 때 A와 B는 어떤 근거로 자신의 패를 선택해야 유리할까? 물론 이론만으로 모든 경우의 수와 돌발 상황을 예측할 수 있는 것은 아니지만, 분명 합리적 결정에 도움이 된다.

A 입장에서는 '가위'를 선택할 경우, B가 '보'를 내면 이기고 '가위'를 내면 비긴다. 승률이 100%는 아니지만 절대로 질 확률이 없으니 A는 '가위'를 내는 게 최선이다. B는 A보다 불리한 패를 골랐으므로, 빠르게 A의 패를 분석해야 한다. B는 A가 질 확률이 없는 '가위'를 택하리라고 예측해서 '가위'를 내고 비기는 게 최선이다. 이런 계산이라면 이 게임은 무승부로 마칠 확률이 높다. 이때 만약 두 사람이 모두 선택에 후회가 없다면 '내시 균형을 이룬 상태'다. B는 승부수가 없지만, 승부를 낼 기회를 한 번 더 얻을 수 있으니 비기는 결과를 택하는 것이 최선이다.

가위바위보 하나 빼기 게임은 참가자의 조건이 모두 같은 게임이다. 모두 같은 패를 쥐고 어떤 패를 선택하느냐에 따라 결과가 달라진다. 하지만 때론 참가자가 서로 다른 조건에서 참여하는 게임도 있다.

한 여성을 두고 경쟁하는 두 사람을 생각해 보자. 두 사람은 각각 키, 생김새, 지적 수준, 직업, 재력 등 세부 조건이 모두 다르다. 이때 둘 중 한 사람을 택해야 하는 여성은 두 사람의 장단점을 비교하며 어떤 선택이 더 나은지 고민한다.

영화 〈뷰티풀 마인드〉에서도 비슷한 상황의 장면이 나온다. 내시는 친구 4명과 식당(바)에 둘러앉아 있는데, 금발의 미녀 1명과 평범한 여성 4명이 들어온다. 내시는 물론, 남자들의 시선은 모두 금발 미녀에게 쏠리고 그녀의 관심을 받고 싶어 한다.

여기서 친구들은 농담처럼 경제 이론을 언급하며 상황을 분석한다. 경제학의 아버지라 불리는 애덤 스미스는 "경쟁에서 개인의 이익(예를 들어 욕망이나 욕심)은 개인이 속한 전체의 이익에도 기여한다"며, "최고의 이익은 개인이 속한 집단 안에서 자신의 이익을 위해 최선(이기적 경쟁)을 다할 때 얻을 수 있다"고 주장했다. 각자 최선을 다해 경쟁하면, 서로가 속한 구성원들의 이익을 최대로 끌어올릴 수 있다는

설명이다. 하지만 내시의 생각은 달랐다. 내시는 재빨리 이 상황에서 일어날 수 있는 경우의 수를 생각했다. 아래 경우의 수는 내시 자신을 제외하고 생각해 남성은 모두 4명, 여성은 금발 미녀 1명과 일반 여성 4명이 기준이다.

하나, 모든 남성(4명)이 금발 미녀에게 다가가 말을 걸고, 미녀에게 선택 받은 한 사람만 행복을 누린다(1명 행복).

둘, 모든 남성(4명)이 금발 미녀에게 다가가 말을 걸었지만, 그 누구도 선 택받지 못한다(4명 우울).

셋, 그 누구도 금발 미녀에게 말을 걸지 않고, 미녀의 친구들과 짝을 지어 각각 행복을 누린다(8명 행복, 1명 당황).

영화에 나오는 장면을 참고하면, 내시의 설명은 이렇다. 모두 개인의 욕심(한 여성의 마음을 차지하고 싶은 마음)을 채우려고, 금발 미녀에게 다가가 네 명 다 호감을 표시했다가는 순간의 선택이 어려우므로 금발의 미녀가 모두 거절할 확률이 높다. 그렇다고 해서 그녀에게 거절당하고 난 뒤, 차선책으로 옆에 있던 그녀의 친구들에게 다가가 호감을 표해도 '누군가의 대신'이라는 걸 눈치챈 친구들의 기분이 좋을 리 없다. 그렇게 되면 분명 모두의 이익을 최고로 높이고자 각자 최선을 다했어도, 모두 이익은커녕 오히려 기분만 나쁠 수 있다. 하지만 만약 그 누구도 금발의 미녀에게 말을 걸지 않고, 오히려 그녀의 친구들과 내시 친구들이 사이좋게 짝을 이룬다면, 내시와 친구들은 물론 그녀와 그녀의 친구들도 기분 나쁜 일은 없다. 물론 금발의 미녀가 약간 당황할 수 있다.☺ 따라서 세 번째를 선택하는 것이 내시 균형을 이루고 있는 상태라는 이야기다.

물론 현실 세계에서 남녀 사이란 단순히 조건만 고려한다고 해서 결론이 나는 문제는 아니다. 감정과 분위기 등 눈에 보이지 않는 변수가 많다.

이런 이유로 이 이론을 비현실적이라고 지적하기도 한다. 이 이론은 이익을 향한 사람의 욕심이 사람의 마음먹기에 따라 쉽게 조절될 수 있을 거라는 순수한 접근에서 생겨났기 때문이다. 영화 속 일화가 실제로 내시에게 일어난 일인지 확인할 수 없지만, 그가 자신의 일상생활에서 영감을 얻어 경제 이론을 정리한 것만큼은 사실이다.

내시 균형에 근거한 내시의 이런 주장은 실제로 비제로섬 게임 (non-zero-sum, 또는 넌제로섬 게임)으로 설명할 수 있다. 앞서 살펴본 제로섬 게임은 승자가 있으면 반드시 패자가 생기는 게임이라면, 비제로섬 게임은 때때로 모두가 승자, 혹은 패자가 될 수 있다. 가장 큰 특징이 게임 참가자들의 이익과 손실을 합해도 0이 되지 않는 것이다. 다음 상황은 '죄수의 딜레마'로 비제로섬 게임을 설명하는 대표적인 사례다.

범죄를 저지른 두 공범 A와 B가 체포됐다. 그러나 유죄를 확정하기에는 증거가 불충분해 검사는 A와 B를 각각 다른 공간에 가두고 다음과 같은 거래를 제안한다. 두 사람은 '자백'과 '침묵' 중 하나를 선택할 수 있다. (단, 검사는 A와 B에게 같은 조건을 제시한다.)

❶ 네가 자백하고 공범이 침묵하면 너는 무죄로 인정한다(공범은 징역 3년).
❷ 네가 침묵하고 공범이 자백하면 너는 징역 3년을 살게 된다(공범은 무죄).
❸ 너와 공범이 모두 자백하면 두 명 모두 징역 2년을 살게 된다.
❹ 너와 공범이 모두 침묵하면 두 명 모두 징역 1년을 살게 된다.

A＼B	자백	침묵
자백	(−2, −2)	(0, −3)
침묵	(−3, 0)	(−1, −1)

이 상황을 표로 나타내 보자. 앞에서 가위바위보 하나 빼기와 같이 보수 행렬로 두 사람의 이익을 나타낸다. A는 B가 어떤 선택을 할지 모르므로, 두 가지 경우를 모두 생각해 봐야 한다.

B가 자백할 때, A가 자백하면 징역 2년, 침묵하면 징역 3년이다. 이 상황에서 A가 둘 중 하나를 골라야 한다면 1년이라도 형량이 적은 '자백'을 선택하는 편이 낫다.

한편 B가 침묵할 때 A가 자백하면 A는 무죄로 풀려나고, 침묵하면 징역 1년이다. 이때도 A는 자백하는 게 더 낫다. 같은 조건이므로 B 역시, 어떤 경우라도 자백이 더 낫다.

따라서 내시 균형이란 게임 구조에서 상대방의 전략을 기초로 자신의 이익을 최대화하는 상태를 말하므로, 죄수의 딜레마에서는 두 죄수가 모두 자백하는 상태가 바로 내시 균형이다.

그런데 A와 B가 모두 자백을 선택한다면 A와 B의 이익이 각각 −2로, 두 사람의 이익을 합한 게(보수) 최소인 결과가 된다. 둘 중 한 사람만 자백하면 이익의 합은 −3, 둘 다 침묵하면 이익의 합은 −2이다. 이익의 합만 놓고 보면 둘 다 침묵을 해야 맞지만, 실제로는 A와 B는 각각 자신이 최대로 이익을 볼 수 있는 상황을 계산해 자백할 확률이 높다. 이처럼 상대의 선택을 알 수 없는 불확실한 상황에서는 최악(여기서는 징역 3년)을 피하는 것이 선택의 기준이 된다.

덮어놓고 각자의 이익만 생각해 경쟁하는 것은, 그 누구에게도 유리하지 않고 손해만 가져올 수 있다는 게 바로 내시의 설명이다. 이것은 영화 속 장면에서도 확인할 수 있었다.

매력적인 이성의 마음을 차지하려고 나서는 섣부른 행동보다는 차라리 행동하지 않는 게 모두 더 나은 결과를 얻을 수 있었다. 이처럼 죄수의 딜레마는 다양한 사회 현상을 설명할 때 유용한 선택의 기준으로 활용된다.

내시는 곳곳에서 발견한 내시 균형 사례를 토대로, 이 현상을 학문적으로 접근해 게임 이론의 기초를 마련했다. 그러다 이 이론에서 출발한 연구로 47년이 지난 뒤 1994년 노벨경제학상을 받았다.

내시의 노벨상 수상은 그에게 학자의 길로 돌아올 수 있는 새로운 출발 신호가 됐다. 또 노벨상 덕분에 경제적인 어려움도 극복할 수 있었다. 뿐만 아니라 게임 이론은 오늘날에도 산업 현장 곳곳에서 응용되며 그 위력을 보여 준다.

내시의 이론을 토대로 개념을 확장해, 규칙을 지켜야 하는 조사를 받는 사람과 이를 감시하는 조사관의 행동을 예측하는 프로그램이 발표 (2016년 영국 워릭대학교 바실리 코로콜트세프 수학과 교수의 '조사 게임' 연구)되기도 했다. 수험생과 감독관, 테러범과 안보국, 해커와 경찰의 행동을 예측해 효율적인 감시망을 짜는 수학 모형의 기초가 되기도 한다.

'아름다운 정신', '아름다운 마음'
진실은 통한다

존 내시의 이야기는 영화 〈프루프〉에서도 만날 수 있다. 2005년에 개봉한 〈프루프〉는 앞서 살펴본 〈뷰티풀 마인드〉와 시간 배경이 다르다. 〈뷰티풀 마인드〉에서는 청년 내시가 주인공이었다면, 프루프는 내시의 가상 딸 '캐서린'이 주인공이다.

두 영화는 모두 사실과 허구를 함께 다뤘지만 큰 틀에서 존 내시의 삶을 실제와 비슷하게 담았다. 예를 들어 존 내시는 딸이 아닌 아들이 있었는데, 아들 존 찰스 내시도 아버지의 재능을 물려받아 수학 박사 학위를 받았다. 하지만 아들 존 찰스 내시는 아버지의 정신분열증까지 물려받아 주변의 안타까움을 샀다. 영화 〈프루프〉의 감독 존 매든은 이러한 존 내시의 삶에서 영감을 얻어 삶의 모든 순간 아버지의 병까지 물려받을까 불안해하는 캐서린을 주인공으로 그렸다.

또한 〈뷰티풀 마인드〉에서는 주인공 이름이 존 내시로 실화가 바탕이었다면, 〈프루프〉에서는 내시를 '로버트 르웰린'이라는 가상의 수학자로 등장시켰다. 영화 속 로버트는 워낙 젊은 나이에 뛰어난 연구 결과를 이끌어 앞으로의 행보가 기대되는 수학자였다. 그의 딸 캐서린 역시 아버지의 이런 재능을 물려받아 학계가 주목하는 수학자로 성장하고 있었다. 그러나 로버트의 병세가 심해져 캐서린은 학업을 이어 갈 수 없었다. 캐서린은 아버지의 보호자로서도, 아버지가 죽기 직전까지 매달린 수학 연구의 동료 연구자로서도 최선을 다한다. 하지만 아버지 로버트는 분열증과 불안 장애로 결국 생을 마감하고 만다.

〈프루프〉에서는 이미 로버트가 세상에 떠난 상태이고, 딸의 회상 장면에만 등장한다. 캐서린은 아버지가 떠난 뒤에도 아버지가 못다 이룬 업적을 완성하려고 연구를 이어 간다. 하지만 아버지의 재능을 물려받은 만큼, 아버지의 병까지 물려받을지 모른다는 두려움에 항상 불안해했다.

캐서린은 평소 주변 사람들에게도 예민하고 날카로운 모습을 자주 보였다. 그럼에도 불구하고 캐서린은 결국 아버지의 능력을 뛰어넘는 결과물을 만들어 낸다. 하지만 사람들은 그 결과를 좀처럼 쉽게 캐서린의 업적으로 인정해 주지 않았다. 아버지의 그늘 때문이었다. 덕분에 그의 갈등은 최고조에 이르고, 캐서린은 아버지의 그림자가 아닌 자신의 수학 능력을 증명하려고 끊임없이 노력한다.

〈프루프〉에서는 세상의 인정을 받지 못해 스스로 동굴로 들어간 아버지의 모습과 대비되는 캐서린의 모습을 그렸다. 캐서린은 결국 아버지 로버트와는 다른 방식으로 삶의 위기를 극복하고 자신의 한계를 뛰어넘는다.

영화는 존 내시가 평생 싸워 온 '진실은 통한다'는 메시지와 함께 세상과 맞서 포기하지 않고 소통하며 갈등을 극복하는 캐서린의 모습을 그린다. 캐서린은 마치 우리를 대표해 존 내시에게 '진실은 반드시 통하니, 어서 세상으로 나오라'는 메시지를 전하는 것 같다.

모두의 응원에 힘입어 세상으로 발을 뗀 존 내시는 그렇게 영화처럼 별이 돼 세상을 떠났다.

3

NASA에서
컴퓨터라고 불리던
수학자, 캐서린 존슨

〈히튼 피겨스〉

#편견과차별 #인간컴퓨터 #유리천장 #여성수학자 #숨은
주역 #냉전시대 #미국vs러시아 #우주개발경쟁 #계산원 #
유색인 #용기 #도전 #최초 #해석기하학 #오일러공식 #타
원궤도

기승전 '용기', 기승전 '도전', 기승전 '최초'

"천재성에는 인종이 없고, 강인함에는 남녀가 없으며, 용기에는 한계가 없다!"

소수의 백인 남성이 시대를 이끌던 1960년대 미국. 당시 미국과 러시아는 우주 개발 경쟁에 모든 신경이 집중돼 있었다. 미국은 우주 분야에서 러시아를 누르고 주도권을 잡기 위해 온 힘을 쏟았다. 이에 전문가와 연구자를 한자리에 모아 미 항공우주국(이하 NASA)이라는 대통령 직속 기관을 꾸리면서 기술 개발에 박차를 가했다.

영화 〈히든 피겨스〉는 당시 NASA 조직 내에서 있었던 실화를 바

캐서린 존슨 ©NASA

탕으로 한다. 이 영화는 그동안 잘 알려지지 않았지만 당시 NASA 프로젝트 일부를 성공적으로 이끈 세 사람을 집중해서 다뤘다.

천재 수학자 캐서린 존슨, NASA 내 유일한 IBM 프로그래머당시 IBM 컴퓨터를 자유롭게 다룰 수 있었던 사람◉이자 유색인 여성들을 담당하는 책임자인 도로시 본, 유색인 여성 최초의 NASA 엔지니어 메리 잭슨이 그 주인공이다. 이 세 사람은 영화가 끝날 때까지 NASA가 직면하는 위기의 순간마다 각자의 자리에서 최선을 다해 실력을 발휘한다.

하지만 그들은 '여성 연구자'인 동시에 '유색인'이라는 이유로 부당하게 끊임없이 거절당하고 무시당한다. NASA 안에는 세부 연구 분야에 따라 여러 본부와 연구소가 있었다. 각 조직에 여성 연구자가 아예 없었던 것은 아니지만 대부분 설 자리가 부족했고 때론 발언권조차 얻기 어려웠다. 시대 분위기에 따라 NASA 역시 모든 중책은 오직 백인 남성만 차지할 수 있었다. 게다가 이 세 사람은 유색인이었다. 당시 유색인을 향한 차별을 너무 당연시했는데 '남자 화장실', '여자 화장실', '유색인 화장실'로 구분할 정도였다.

그러나 그들은 멈추지 않았고 계속 도전했다. 그 결과, 오래 걸리긴 했지만 각자의 실력을 증명하고 신임을 얻는다. 마침내 꿈을 이루고 역사 곳곳에 '최초'라는 타이틀과 함께 각자의 이름을 남겼다.

'수학'이 있어야 지구로 무사 귀환이 가능하다!

영화의 첫 장면은 캐서린의 어린 시절 이야기로 시작한다. 어렸을 때부터 수학에 뛰어난 두각을 나타내던 캐서린은 수학 영재였다. 캐서린은 열네 살의 나이로 고등학교를 졸업했다. 그는 유색인 여성 최초로 웨스트버지니아 주립대학교에서 수학과 과학을 전공하며 대학원 공부까지 마치고 교사가 된다. 그러다 1952년 국립 항공학자문위원회(NACA, 현 NASA의 전신)에 지원하면서 항공우주 분야로의 첫발을 내디뎠다. 1953년 NASA 랭글리 연구소에서 '컴퓨터(또는 전산원, 계산원)'로 일하게 된다.

당시 NASA에서는 각 프로젝트를 뒷받침하는 '데이터 분석 담당자'가 있었는데, 이들은 주로 인공위성 궤도와 우주선의 이착륙 위치 등을 계산하는 '컴퓨터'라는 직책으로 불렸다.

본부는 미국 최초 우주 궤도 비행 프로젝트를 앞두고 '해석기하학*'을 잘 다루는 사람'을 찾아 나섰다. 그리고 조직에서 자타공인 '인간 계산기'로 불리던 캐서린은 본부의 요청으로 우주 임무 그룹(Space Task Group)으로 임시 발령이 난다.

★**해석기하학**이란 수학에서 대수학과 기하학을 연결하는 분야로, 여러 가지 도형과 그들의 관계를 방정식으로 표현해 문제를 해결한다.

　대학 시절부터 해석기하학을 잘 다룬 캐서린은 조직에서 실력으로
는 단연 최고였다. 캐서린이 담당한 일은 복잡한 계산 연구였다. 이는
주로 탄도 미사일인 아틀라스 로켓을 개조해서 만든 유인 우주선의
비행 궤도와 발사 경로, 비상 반환 경로 등을 예측해 계산하는 일이었
다. 특히 사람이 타는 우주선이 날아갈 궤도를 알아내려면 지구 중력,
지구 모양과 지구 자전 속도까지 고려해서 새로운 수학 공식을 만들
어야 했다. 이때 아주 작은 숫자 하나라도 틀리면 우주선이 바로 폭발
해 버릴 위험이 있었다. 오차를 최소로 줄이지 않는다면 우주선에 탄
사람의 목숨은 장담할 수 없었다. 그랬기에 캐서린은 더욱 집중했다.
　영화 속에서 캐서린이 오일러 공식을 떠올리면서 조직의 최고 책임자인 해리슨과 대화를 나눈다. 궤도에 대한 고민 때문이었다.

"캡슐이 타원에서 포물선 궤도로 이동할 때가 문제예요. 이착륙을 계산
할 때 만약 궤도의 전환을 고려하지 않는다면 캡슐은 궤도에 머물고 지구
로 올 수 없어요."

여기서 오일러 공식이란 $e^{ix}=cosx+isinx$로 쓴다. 이 공식은 300여
년 전 18세기 스위스 수학자 레온하르트 오일러가 발견했다. 이 공
식에서 x자리에 π를 대입하면 $e^{i\pi}+1=0$이 되는데, 어떤 이들은 e, π,
i가 아름답고 간결하게 엮여 공식을 이룬다는 이유로, '세상에서 가장
아름다운 공식'이라고 부르기도 한다. 여기서 e는 자연로그, π는 원
주율, i는 복소수를 의미한다.

이 공식은 지수 함수와 삼각 함수의 관계를 나타낼 때 사용하는데,
영화 속에서는 우주선의 비행 궤도, 발사 경로, 비상 반환 경로 등을
예측해 계산할 때 기본 공식으로 쓰었다.

실제로 캐서린은 오일러 공식을 이용해 우주선의
타원 궤도★와 궤적을 계산할 수 있는 새로운 공식
을 만들었다. 캐서린은 이 연구를 통해 새로운 방정
식 22개와 오차를 계산할 수 있는 식 9개를 발표했다.

★**타원 궤도**란 달걀 모양의 경로
를 따르는 우주 궤도를 말한다.

인공위성은 고도에 따라 저궤도, 중궤도, 정지궤도 위성으로 분류
할 수 있다. 인공위성은 각각 쓰임새에 맞게 궤도가 설정되며, 위성

의 궤도나 무게에 따라 발사체의 궤적이 그려진다. 발사체의 궤적을 그릴 때 바로 수학이 필요하다. 영화에서도 캐서린이 프렌드십 7호의 궤적을 예측하고 계산하는 장면이 여러 번 등장한다.

과학자들은 인공위성이라는 '공'을 궤도라는 '골대'에 넣는다는 생각으로 발사체의 궤적을 그린다. 이때 가능하면 최소한의 연료로 인공위성을 궤도에 진입시키는 것이 최종 목표다. 그래야 발사체의 무게나 비용을 줄여 가장 최적화된 인공위성 비행을 설계할 수 있기 때문이다.

또 발사체가 어느 정도 높이에 도달하면 인공위성이 지구를 따라 돌 수 있도록 발사체의 진행 방향을 바꾸는 일이 아주 큰일이다. 만약 발사체의 진행 방향을 ↑ 방향에서 점차 속도를 줄이며 조금씩 → 방향으로 바꾸지 않으면, 발사체가 하늘 높이 올라가기만 하다가 연료가 다 떨어져 그대로 지구로 추락할 수 있다.

간단하게 조이스틱으로 비행기의 방향을 조절해 일정한 목표에 도달하는 게임을 상상하면 더 쉽게 이해할 수 있다. 조이스틱에서 ↑ 방향키와 → 방향키를 적당히 번갈아 누르면 비행기가 포물선을 그리며 날아가는 것과 같은 원리다.

오늘날 발사체 궤적은 주로 컴퓨터가 맡아 계산한다. 하지만 당시에는 뉴턴 역학과 기하학, 미분 적분과 같은 지식을 총동원해 알맞은 방정식을 세우고 직접 사람이 그 문제를 풀어 원하는 답을 찾았다. 물론 지금도 이 일을 맡은 과학자 또는 수학자가 기본적인 수학 지식을 알고 있어야 한다. 그래야 컴퓨터가 알맞은 수식을 세우도록 명령을 제대로 내릴 수 있다.

마침내 캐서린은 수학 고유의 '대체 불가능한' 정확함으로 미국 최초의 우주 비행사인 앨런 세퍼드가 1961년에 탑승한 '머큐리 레드스톤 3호' 로켓 궤도를 계산했다. 또 1962년 2월 20일, 첫 유인 인공위성 '프렌드십 7호'를 타고 미국 최초로 우주 궤도를 돈 우주 비행사 존 허셜 글렌의 무사 귀환을 성공적으로 도왔다.

글렌은 당시 궤도 계산을 돕던 최신식 컴퓨터 IBM의 결과보다 캐서린의 결과를 신뢰했다. 영화에서도 우주 비행사 글렌이 컴퓨터가 계산한 착륙 좌표가 의심스럽다며 캐서린에게 검토를 요청하는 장면이 나온다. 우주선에 타기 직전에 "그 여자분이 숫자를 확인하면 출발하겠다"고 말할 정도였다. 마침내 캐서린의 활약으로 미국 최초 유인위성 프렌드십 7호는 1962년 2월 20일 14시 47분에 발사돼 총 4시간 55분 23초 동안 비행하며 지구 궤도를 따라 지구 세 바퀴를 돌고_{계획} _{대로라면 7바퀴를 돌아야 했지만}😊 무사히 지구로 귀환했다.

그 뒤에도 캐서린은 아폴로 11호가 달 궤도를 돌 때(1969년), 우주 왕복선 프로그램의 개설이나 화성 탐사 프로젝트를 진행할 때 모두 함께했다. 그는 그렇게 NASA에서 33년(1953~1986)을 근무했다.

캐서린의 업적은 여러 이유로 지난 50년 동안 제대로 평가받지 못했지만, 영화 〈히든 피겨스〉를 계기로 세상에 알려지게 됐다. 캐서린은 2015년 미국 버락 오바마 대통령에게 '대통령 자유 훈장'을 받았고, 2017년 9월에는 랭글리 연구소 안에 자신의 이름을 본뜬 '캐서린 존슨 계산연구소'를 열었다. NASA가 산하 연구 시설 이름으로 유색인 여성을 택한 건 캐서린이 최초다. 캐서린 존슨 계산연구소는 화성과 달 유인 탐사 계획에 필요한 각종 궤도 계산 임무를 맡아서현직에서는 은퇴했지만◉ 연구를 이어 갔다. 2020년 2월, 캐서린은 생의 마지막 순간까지 자신의 자리에서 내공을 발휘하다 101세의 나이로 하늘의 별이 됐다.

1960년대 NASA를 그대로 들여다본다

영화 〈히든 피겨스〉는 실화를 바탕으로 하다 보니, 제작팀이 당시 상황과 에피소드를 그대로 표현하고자 노력한 흔적이 곳곳에 나온다. 실존 인물인 캐서린 존슨이 자신의 경험을 직접 전달한 덕분이다. 그녀가 종이와 연필만으로 복잡한 방정식을 세우고 손으로 직접 방정식을 푸는 장면이나, 자신이 맡은 프로젝트 회의에 참석하는 과정에서 겪은 온갖 수모는 물론 고군분투하며 결국 해내는 모습까지 생생하게 담았다.

또 영화에 등장하는 NASA 사무실 내부 모습이나 글렌이 탔던 우주선 모습, 유색인(Colored) 전용 화장실, 랭글리 연구소 내부 구조, 주차장에 주차된 트럭까지 스치는 장면에 나오는 소품까지도 완벽하게 재현해 볼거리가 아주 풍성하다.

결과를 미리 알고 보는 영화라서 긴장감은 떨어지지만 도전, 용기, 극복, 새로운 자극이 필요한 순간이라면, 게다가 수학을 사랑하는 사람이라면 꼭 한 번쯤 감상할 작품 중 하나다. 수학자 캐서린과 두 친구는 차별을 인정하지 않고 당당히 맞서며 그들과 동등한 자격을 얻기 위해 고군분투했다. 그 결과, 그들은 항공우주 분야에 커다란 획을 그었다.

4

서로 다른 삶을 살아온
두 수학자의 운명적인
만남, 라마누잔과 하디

〈무한대를 본 남자〉

#영국수학자 #하디 #인도수학자 #라마누잔 #두사람의_브
로맨스 #정수론 #무한급수

"수학은 올바른 시각으로 보면 진실뿐 아니라 궁극의 미를 담고 있다."

_버트런드 러셀

절망만 있는 곳에 태어난 천재 수학자 라마누잔

스리니바사 라마누잔은 가우스, 오일러와 함께 3대 수학자로 꼽히는 인도의 천재 수학자다. 어린 시절부터 수학은 물론 영어, 지리학 등 여러 방면에서 두각을 나타냈지만 어려운 집안 형편으로 교육을 제대로 받지 못했다. 고등학교도 겨우 마친 그에게 대학은 사치였다. 비록 가난해서 대학 진학은 포기했지만, 학위는 그가 수학을 공부하는 데 있어서 장애물이 아니었다. 라마누잔은 삶의 모든 순간을 수학

라마누잔

과 연결지어 자연 현상에서도 공식을 찾아냈다. 예를 들어 끝없이 펼쳐진 모래사장 위에서 무한의 개념을 떠올리곤 했다.

라마누잔이 15살 때(1903년) 우연히 읽은 조지 슈브리지 카의 책 《순수수학의 기초 결과 개요》는 그가 수학 연구를 이어 나갈 원동력이 됐다. 라마누잔은 주로 정수론을 연구했다. 정수론은 수와 수 자체의 성질을 연구하는 수학의 한 분야다. 예를 들어 자연수 사이에서 새로운 관계를 찾거나 규칙을 찾아 분석하는 게 중요한 학문이다. 그는 이 책에 담긴 정수론이나 무한급수★와 관련된 3900가지 수학 공식과 이론(모두 6000꼭지)을 노트에 빼곡하게 따라 쓰며 자신만의 언어로 재정비했다. 비록 기호나 표현이 엉망이었고, 아주 쉬운 증명도 책을 보지 않고서는 증명하는 방법을 몰랐지만, 그 누구도 라마누잔의 수학을 향한 열정은 막을 수 없었다.

★**무한급수**란 무한수열의 각 항을 차례대로 합의 기호로 연결한 식이다. 정의 그대로 무한급수는 무한, 수열, 합, 극한 등의 여러 가지 수학 개념들이 들어 있는 복합적인 수학 개념이다.

영화 〈무한대를 본 남자〉는 수학하려고 태어난 남자 라마누잔과 그의 천재성을 유일하게 알아본 영국의 괴짜 수학자 하디의 짧지만 강렬한 인연에 주목한다. 라마누잔의 삶은 '하디를 만나기 전'과 '하디를 만난 후'로 나뉜다고 해도 과언이 아니다. 전혀 다른 삶을 살아온 두 남자의 운명적인 만남과 브로맨스가 이 영화의 관전 포인트다.

고드프리 해럴드 하디

1910년경 인도 마드라스, 라마누잔은 자신만의 수학 노트로 한 대학에 장학생으로 합격했다. 하지만 나이 든 노모와 아내가 있었기에 학업을 포기하고 일자리를 구하러 다닌다. 당시 영국의 식민지였던 인도에서는 학위 없이 일자리를 구하기 어려운 실정이었다. 사업장의 책임자였던 영국 사람들은 물론, 인도 사람도 그에게 학위를 요구했다. 그는 면접 때마다 자신의 실력을 자부하며 확신에 찼지만, 사람들은 그 실력을 입증할 학위를 요구했다. 세상의 벽은 높기만 했다.

그러던 어느 날, 그는 어렵게 마드라스 우체국의 회계사 자리 하나를 구한다. 다행히 이곳에서 라마누잔의 진가를 알아본 인생 멘토 나라야나를 만난다. 그는 평소 암산 실력이 뛰어나 주판을 사용하지 않는 라마누잔에게 '사장 앞에서는 쓰는 척이라도 하라암산으로만 하면 일은 안 하고 노는 것처럼 보이니까●'는 조언도 해가며 센스 있게 라마누잔을 챙겨 준다.

사실 라마누잔은 꽤 오랫동안 자신의 수학 실력을 인정받으려고 유명한 수학자들에게 편지를 보냈다. 하지만 암산 실력만큼이나 뛰어난 그의 직관적인 문제 해결 능력은 오히려 독이 됐다. 수학에서는 문제의 답을 구할 때 엄밀한 증명이 가장 중요했는데, 라마누잔은 수학 문제를 보고 답을 바로 떠올려 풀이 과정을 생략한 경우가 많았다. 이러한 라마누잔의 편지에는 증명이 없는 것은 물론, 실제 학계에서 사용하지 않는 용어와 기호, 공식을 잔뜩 나열하며 자신의 주장을 펼치고 있었다. 수학자들은 그의 편지를 낙서쯤으로 여겼다. 어쩌면 너무 당연한 결과였다. 그런데 그의 기록을 낙서가 아닌 '수학계의 새로운 발견'이라고 확신하는 멘토를 우체국에서 만난 것이다. 나라야나를 만난 일이 절망만 있던 라마누잔의 인생에 깃든 첫 희망이었다.

새로운 희망을 찾아 영국으로 떠난 라마누잔

우체국에서 만난 멘토의 도움으로 라마누잔은 1913년 1월 16일 처음으로 영국 케임브리지대학교 트리니티 칼리지에 근무하는 고드프리 해럴드 하디 교수에게 편지를 썼다. 편지 내용은 다른 수학자들에게 보냈던 내용과 크게 다르지 않았다. 편지에는 여전히 논리와 증명이 없이 직관과 통찰만 가득했다. 다만, 괴짜 수학자로 소문난 하디라면 다를 거라는 주변 사람들의 조언으로 라마누잔은 기대에 부풀었다.

그 뒤로 몇 번의 편지가 오갔을까. 역시는 역시였다. 하디에게 답장이 온 것이다. 하디는 라마누잔의 기록들을 높이 평가했다. 하디는 라마누잔에게 영국으로 건너와 함께 연구할 것을 제안했다. 라마누잔은 깊은 고민 끝에 아내와 어머니를 인도에 두고 1914년 영국으로 건너 갔다. 그때부터 두 사람은 함께 연구했고 5년 동안 연구가 이어졌다.

하지만 새 희망 속엔 절망도 함께 있었다. 그는 영국에서 가는 곳 마다 인종 차별을 당했고, 학교 수업 시간에는 그의 실력을 믿지 않는 동료와 교수들에게 암산을 금지당했다. 라마누잔은 직관에 강한 타입 이어서 공식을 유도하는 일이 '1+1=2'인 것처럼 너무 당연한 결과였 는데, 보통 수학자들은 세세한 풀이 과정과 증명 과정을 요구했기 때 문에 다른 이들을 설득하는 데 오랜 시간이 걸렸다.

게다가 라마누잔에게는 또 다른 걸림돌이 있었다. 독실한 힌두교 신자이자 브라만 계급★이던 그는 철저하게 채식을 고집했기에 강제로 굶어야 하는 상황이 많았다. 하 필 당시 영국은 전쟁(제1차 세계대전) 중이어서 그가 먹을 수 있는 식재료를 구하기가 더 어려웠다. 그가 이런 어려움에도 꾹 참고 연구를 계속할 수 있었던 건 오직 자신을 믿어 주는 하디 덕분이었다.

★**브라만 계급**이란 인도의 신분 제도인 카스트 제도 중 가장 높 은 계급이다. 카스트 제도는 브 라만, 크샤트리아, 바이샤, 수드 라가 있고 이 외에는 최하층 계 급으로 불가촉천민이 있다.

물론 하디도 처음부터 호의적인 것은 아니었다. 두 사람은 정반대 의 삶을 살아왔기에 신분, 배경, 신념, 종교 그 어느 하나에서 공통점 을 찾기 어려웠다.

하디는 영국에서 교사인 부모 아래 태어나 어렸을 때부터 체계적인 교육을 받았다. 하디도 수학 영재로 불리며, 영국 윈체스터 사립학교 에 장학금을 받고 입학할 정도로 뛰어난 인물이다. 케임브리지대학교

트리니티 칼리지에 입학하고 2년 만에 우등생으로 졸업하며 좋은 성적을 거뒀다.

무신론자인 하디는 신앙적인 면에서도 라마누잔과 맞지 않았다. 신의 존재를 부정하는 하디에게 라마누잔은 매 순간 신에게서 영감을 얻었다고 주장하거나 꿈에서 답을 보았다고 설명했기 때문이다.

하지만 그 어떤 것도 그들의 공동 연구를 막지는 못했다. 영화에서는 두 사람이 '수의 분할 공식'을 증명하는 과정을 자세하게 다룬다. 여기서 라마누잔의 천재성을 엿볼 수 있다.

스위스의 수학자 레온하르트 오일러는 '어떤 자연수 n을 분할하는 방법의 경우의 수'를 나타내는 함수로 $p(n)$을 정의했다.

수의 분할 공식이란, 한 자연수를 '한 개 이상의 자연수를 합한 것'으로 나타내는 경우의 수를 계산하는 공식을 말한다. 예를 들어 3은 3, 2+1, 1+1+1까지 세 가지 방법으로 수를 분할할 수 있다. 4의 경우는 4, 3+1, 2+2, 2+1+1, 1+1+1+1로 다섯 가지, 5의 경우는 5, 4+1, 3+2, 3+1+1, 2+2+1, 2+1+1+1, 1+1+1+1+1로 일곱 가지다. 이를 모두 $p(n)$으로 표현하면, $p(3)=3$, $p(4)=5$, $p(5)=7$이 된다.

영화에서 등장하는 영국의 수학자 퍼시 알렉산더 맥마흔은 $p(1)$부터 $p(200)$까지를 손으로 일일이 계산해 표를 만들었다. 그런데 라마누잔이 맥마흔의 표를 보고, 일정한 규칙을 발견해 '수의 분할 공식'을 만들고 이에 대한 논문을 발표했다. 맥마흔은 라마누잔을 이런 행보를 부정하고, 그의 논문이 거짓일 거라고 여겼지만 라마누잔은 자신의 논문을 증명하는 데 성공한다.

라마누잔이 찾아낸 규칙은 정수론에서 쓰는 개념 중 하나인 합동을 활용한 것이다. 정수론에서 말하는 합동이란 기하학에서 이야기하는 합동과는 개념이 다르다. 기하학에서는 두 도형의 모양과 크기가 같을 때 두 도형이 합동이라고 말한다. 하지만 정수론에서는 같은 수로 나누었을 때 나머지가 같은 두 수를 합동이라고 한다. 예를 들어 9와

16은 7로 나누면 나머지가 2로 같다. 정수론의 합동식으로 이를 표현하면, $9 \equiv 2(mod\ 7)$, $16 \equiv 2(mod\ 7)$로 쓰고, 두 수는 $mod\ 7$에 대해 합동이라고 말한다.

라마누잔은 맥마흔의 표에서 합동을 찾아내 이를 공식으로 만들었다. 그 공식은 $p(5k+4) \equiv 0(mod\ 5)$, $p(7k+5) \equiv 0(mod\ 7)$, $p(11k+4) \equiv 0(mod\ 11)$과 같다. 이때 k에는 0과 어떤 자연수를 넣어도 공식이 성립한다.

수를 사랑한 수학자, 라마누잔의 짧은 행복

라마누잔은 적극적인 연구 활동으로 학위 없이 인도인 최초로 영국 왕립학회 정회원으로 선출된다. 하지만 그는 전쟁 중에 제대로 먹지 못해 영양실조와 결핵에 걸렸고, 심리적으로도 불안한 상태에서 향수병까지 도져 영국 생활을 점점 힘들어한다.

전쟁이 끝날 무렵 라마누잔은 병세가 나빠져 요양 병원에 입원했는데, 이때 유명한 일화인 택시 번호판 사건이 일어난다. 라마누잔에게 문병을 오던 하디가 탄 택시 번호가 '1729'였는데, 하디가 불만스럽게 "오늘은 택시 번호부터가 특색 없는 따분한 수였다"고 말한다. 그러자 라마누잔은 1729는 자연수 두 개의 세제곱의 합 ($A=B^3+C^3=D^3+E^3$)으로 나타낼 수 있는 수 중에 가장 작은 수라며 아주 흥미로운 숫자라고 받아친다.

실제로 $1729=10^3+9^3=12^3+1^3$과 같이 나타낼 수 있다. 보통은 세 제곱의 합인 수를 한 쌍도 찾기 어렵다. 라마누잔은 수의 분할 공식을 만들려고 틈틈이 정리해 둔 내용을 기억하고 있었는데, 우연히 택시 번호가 1729였기에 이런 천재스러운(!) 답변을 할 수 있었다.

라마누잔은 결국 영국으로 유학을 떠난 지 5년 만에 인도로 돌아가고 만다. 마지막은 가족과 함께 보내고 싶다는 그의 바람 때문이다. 그는 가족과 함께 겨우 1년을 더 살다가 세상을 떠난다.

하지만 라마누잔은 세상을 떠난 뒤 자신의 업적을 널리 알릴 수 있었다. 하디와 함께여서 가능했다. 하디는 "인생에 있어서 가장 큰 행운은 라마누잔을 만난 것"이라고 공공연하게 말할 정도로 라마누잔을 아꼈다.

라마누잔이 죽은 56년 뒤인 1976년, 오랫동안 그의 자료를 정리하던 후배 수학자 두 명이 살아생전 알려지지 않은 새로운 연구 결과를 발견한다. '라마누잔의 잃어버린 노트'라는 이름으로 출판된 이 논문 더미는 종이 138쪽 위에 수학 공식 600여 개와 그 증명이 기록돼 있었다. 자연수를 사랑한 수학자 라마누잔의 애잔한 삶 이야기가 다시 주목받는 순간이었다. 마지막으로 그의 말을 기억해 보자.

"수학은 보이지 않는 색으로 세상을 칠하는 것과 같다."

_라마누잔

Chapter

수학으로 사건 해결의
실마리를 찾는다!

이번 챕터는 처음부터 끝까지 계속 무언가에 쫓기는 느낌이 들어요. 주인공 모두 중대한 사건에 휘말려 있거든요. 가벼운 사건도 아니에요. 자칫 긴장을 놓쳤다가는 죽음의 문턱을 넘을 수도 있답니다.

추리와 탐정의 아이콘을 떠올리면 홈스와 왓슨 이야기를 빼놓을 수 없죠. 셜록 홈스 시리즈는 워낙 인기가 많아서 그동안 다양한 유형의 콘텐츠로 소개됐어요. 소설, 만화, 영화, TV드라마 중에서 영화 〈셜록 홈스: 그림자 게임〉을 함께 보며 그래프 이론으로 사건을 해결하는 홈스를 만나 보세요. (▶5)

세상과 소통이 서툰 한 천재 수학자의 잘못된 사랑 방식으로 살인 사건은 미궁 속으로 빠지게 돼요. 주인공 석호는 고교 시절 별명이 '뽕타고라스뽕맞은 피타고라스, 연구에 매진하는 수학자처럼 무엇에 홀린 듯 수학에만 집착하는 시쳇말로 수학덕후라는 의미☺'일 정도로 수학을 좋아했어요. 그런 그가 우연히 얽힌 어떤 '미해결 문제'에 집착하기 시작해요. 모든 게 다 미련한 사랑 때문이죠. 〈용의자X〉에서 그가 직접 설계한 치밀한 알리바이를 소개합니다. (▶6)

〈페르마의 밀실〉에 갇히고 만 네 사람. 제한 시간 안에 문제를 풀지 못하면 기다리는 건 오직 죽음뿐이에요. 누군가의 계략에 휘말려 한 배를 탄 네 사람은 과연 시간 안에 밀실을 빠져나왔을까요? 과연 문제는 모두 풀었을까요? (▶7)

〈다빈치 코드〉, 〈천사와 악마〉에서 활약한 로버트 랭던, 믿고 보는 랭던이 돌아왔어요. 의뢰인들의 요구로 늘 목숨이 위태로운 랭던은 이번 영화 〈인페르노〉에서 기억 상실증까지 걸려요. 지금까지 명석한 두뇌와 빠른 판단으로 아무도 몰랐던 암호를 척척 해결해 왔던 랭던은 최대의 위기를 맞아요. 랭던이 어떻게 자신의 명성을 이어 가는지 끝까지 함께 지켜봐 주세요. (▶8)

주변이 정돈된 조용한 환경에서 집중해서 수학 문제를 푸는 것도 어려운데 시간 압박, 공간 압박, 사람 압박 속에서도 꿋꿋하게 사건을 해결해 가는 주인공, 이 대단한 사람들을 만나 볼까요? 쉿! 벌써 시작됐어요!

▶

5

수학으로
추리를 꿰뚫다

〈셜록 홈스: 그림자 게임〉

#명탐정 #셜록_홈스 #왓슨 #모리아티 #그림자게임 #이항정리 #그래프이론 #거미줄 #한붓그리기 #수학으로생각하기 #발견술

지금까지 볼 수 없었던 '범죄계의 나폴레옹' 등장

　세계인이 열광하는 명탐정 셜록 홈스. '셜록 홈스'는 영국의 추리 소설가 아서 코난 도일의 작품 속 등장인물이다. 도일은 1887년에 《주홍색 연구》라는 일화를 시작으로 장편 소설 4편, 단편 소설 56편을 통해 사람들에게 다양한 셜록 홈스 이야기를 선보였다. 이 작품은 당시는 물론 130년이나 지난 오늘날에도 여전히 전 세계에 셜록 열풍을 일으키고 있다. 그 열풍을 증명하듯 때때로 소설 속 이야기가 영화로, 드라마로 재구성된다. 영화 〈셜록 홈스: 그림자 게임〉도 그중 하나다.

아서 코난 도일 1914년 모습

영화 〈셜록 홈스: 그림자 게임〉은 셜록 홈스 전집 일화 중 하나인 《셜록 홈스의 회상-마지막 사건》을 바탕으로 만들었다. 이 영화는 수학적인 재능을 타고났지만 몸속에 흐르는 범죄자의 피를 주체하지 못하는 제임스 모리아티 교수와 이에 맞서는 홈스의 팽팽한 대결을 긴장감 있게 그렸다.

'셜록(Sherlock)'은 '수수께끼를 잘 맞히는 사람'이란 뜻이다. 이름에 걸맞게 셜록 홈스는 의문의 사건 사고가 일어나는 곳이라면 어디든 찾아가 해결하는 만능 해결사다. 그런데 그런 그를 좌절시키는 한

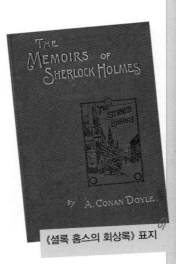

《셜록 홈스의 회상록》 표지

THE DEATH OF SHERLOCK HOLMES.

홈스와 모리아티 교수가 라이헨바흐 폭포에서 격투를 벌이고 있다. (시드니 파젯 삽화)

사람이 나타났다. 바로 모리아티 교수다.

모리아티 교수는 특이한 이력의 소유자다. 좋은 집안에서 태어나 훌륭한 교육은 받은 것은 물론 어렸을 때부터 놀라운 수학 재능을 보였다. 스물한 살에 이항 정리★앞(25쪽)에서 한 번 다뤘다.◉에 관한 논문을 썼는데, 이 논문은 저명한 유럽 수학자들 사이에서도 높게 평가받았다. 덕분에 모리아티는 일찍이 영국의 어느 작은 대학교에서 수학 교수 자리를 맡았다. 이렇듯 그 앞에는 빛나는 미래가 보장돼 있었다. 하지만 그에게는 누구도 막을 수 없는 악마 기질이 있었다.

★**이항 정리**란 $(a+b)^n$과 같이 두 항의 합$(a+b)$ 전체의 거듭제곱$(^n)$을 전개하는 법을 보이는 공식을 말한다. 가장 쉬운 예로 $(a+b)^2 = a^2 + 2ab + b^2$과 같은 공식이 잘 알려져 있다.

마치 그 기질을 증명하듯, 모리아티는 시간이 흐를수록 더욱 강하고 대범한 범죄 행각을 일삼았다. 무슨 일이든 꼬리가 길면 밟히는 법. 그를 둘러싼 흉흉한 소문이 대학가에도 퍼졌다. 결국 모리아티는 교수직을 내놓고 런던으로 돌아와 육군 교관이 된다.

몇 년 전부터 유럽 곳곳에서 의문의 사건이 연쇄적으로 일어났다. 사건을 수사한 기관들은 이 사건들 배후에 모리아티가 있을 거라고 예상했지만, 모두 심증뿐 사건 현장에는 증거가 될 만한 흔적이 하나도 발견되지 않았다.

"왓슨(직업이 의사인 셜록 홈스의 파트너), 그는 범죄 세계의 나폴레옹일세. 이 대도시에서 벌어진 악행의 절반, 그리고 발각되지 않은 범죄의 거의 전부는 그에게 책임이 있네. 그는 천재이고 철학자이며 추상적 사고의 대가일세. 그리고 일급의 두뇌를 가지고 있지. 그는 거미줄 한가운데 있는 거미처럼 꼼짝 않고 엎드려 있다네. 그런데 거미줄은 천 가지 방향으로 뻗어 있고, 그는 거미줄 하나하나의 떨림을 예리하게 포착해 내거든."

모리아티가 이끄는 범죄 조직은 실행력은 물론이고 결속력도 대단했다. 그는 오직 계획을 세울 뿐, 직접 행동에 나서는 일은 없었다. 가령 어떤 서류를 훔치거나 누군가의 집을 털어야 할 때, 심지어 어떤 사람을 헤쳐야 할 때도 그 일을 맡아서 처리하는 행동 대원이 따로 있었다. 만약에 행동 대원이 경찰에 잡혀도 보석금이나 변호사 비용을 조달해 사건을 해결했다. 그러니 정부도 경찰도 모리아티를 처벌할 방법이 없었다.

홈스가 택한 문제 해결 방법, 그래프 이론

영화가 시작된 지 20분쯤 지나야 홈스는 탐정다운 모습으로 등장한다. 홈스가 자신을 만나러 온 왓슨에게 최근 주목하는 사건을 해결하기 위해 자료를 모아 놓은 비밀의 방을 공개하는 장면에서다.

홈스는 모리아티 교수의 행적과 연루된 사건들의 관계를 그래프 이론*이라는 수학 이론을 활용해 분석한다. 물론 영화에서 구체적으

로 이 이론을 언급하는 것은 아니다. 하지만 홈스
가 왓슨에게 공개한 비밀의 방 한쪽 면에는 거미줄
지도가 보인다. 모리아티 교수의 행적을 따라 지도
위에 사건 요약 내용을 기록해 놓고, 사건과 관련
된 각각의 정보는 점으로 사건과 사건 사이의 연결

★**그래프 이론**이란 수학에서 여러
정보 중 알짜 정보를 골라 각 정
보 사이의 관계를 분석하는 '이산
수학'의 한 분야이다. 정보(각 점)
들이 어떻게 연결(선)되느냐에 따
라 그 관계를 파악할 수 있다.

관계는 빨간 털실로 나타낸 지도다. 그 거미줄 지도를 왓슨에게 보이
며 홈스가 묻는다.

"거미줄 마음에 들어? 줄을 따라가 봐. 여기서 질문. '인도인 면화 사업
가', '중국 아편상의 죽음', '최근의 폭탄 테러', '미국 철강왕의 죽음'의 뒤
에 무엇이 있을까? 그 비밀이 뭘까?"

영화 〈셜록 홈스: 그림자 게임〉 스틸 컷. 홈스(왼쪽)와 왓슨(오른쪽)은 모리아티의
행적을 쫓으려고 여러 사건의 상관관계를 수학적으로 분석해 실마리를 찾는다.

홈스의 물음과 지시에 따라 왓슨은 거미줄을 손으로 짚어 따라가 본다. 그러자 그 끝에는 예상했던 대로 '모리아티 교수' 사진이 나타난다. 홈스는 모리아티 교수가 연관된 범죄 사건과 인물 관계도, 또 모리아티 교수로부터 자신이 위협을 받은 순간들과 그 원인을 분석할 때 거미줄 지도를 활용했다. 이 거미줄 지도는 그래프 이론에서 다음과 같은 관계를 분석할 때 흔히 사용하는 방법 중 하나다.

예를 들어 우리가 SNS를 이용할 때 원하는 해시태그를 누르면 자유롭게 다른 사용자 페이지를 방문할 수 있다. 각 해시태그마다 A를 누르면 B 페이지로, C를 누르면 D 페이지로 이동하도록 연결돼 있기 때문이다.

눈에 보이지는 않지만 해시태그와 각 사용자의 페이지는 복잡한 그물망처럼 서로 연결돼 있다. 이런 복잡한 구조를 한눈에 알아볼 수 있도록 돕는 수학 이론이 바로 그래프 이론이다.

이때 각각의 해시태그는 점으로, 서로 연결돼 있는 페이지로 이동하는 경로는 선으로 나타내면 한눈에 그 구조를 알아볼 수 있는 그래프로 나타낼 수 있다.

홈스도 사건이 일어날 때마다 관련된 사람과 범죄 수법, 의심스러운 정보 등을 빨간 털실로 이어 놓았다. 그러자 뚝뚝 떨어져 있던 위조 사건, 강도 사건, 살인 사건이 털실을 따라 한 사람, 모리아티를 향하고 있었다.

그래프 이론은 언제부터 쓰였을까?

그래프 이론자세한 설명은 148~149쪽 참고😊
은 약 300년 전 스위스의 수학자 레온하
르트 오일러의 발상에서 시작됐다. 과거
오일러가 러시아의 쾨니히스베르크라는
지역에 머물 때 일이다. 그곳에는 프레
겔 강이 흐르고, 이 강에는 큰 섬이 두
개 있었다. 강줄기를 사이에 두고 두 섬
을 잇는 다리가 7개 있었는데, 사람들은

레온하르트 오일러의 초상화

7개 다리를 한 번씩만 건너면서 처음 출발한 위치로 다시 돌아올 수
있는지 궁금해했다.

문제의 답을 찾기 위해 사람들은 직접 다리를 건너며 실험했지만,

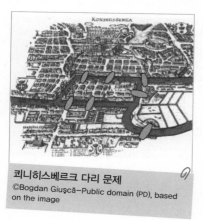

쾨니히스베르크 다리 문제
©Bogdan Giuşcă–Public domain (PD), based
on the image

그 누구도 한 번에 건너는 방법
은 물론 건널 수 없다는 근거를
제시하는 사람도 없었다. 그러
다 이 문제가 소문을 타고 오일
러에게도 전해졌다. 고민에 빠
진 오일러는 건너서 발을 디뎌
야 할 땅은 점으로, 다리는 선
으로 연결해 지도를 아주 간단

하게 나타냈다. 그리고 이 문제를 풀려면 다리의 길이나 땅의 넓이와는 상관없이 다리와 땅의 연결 상태를 분석해야 한다는 사실을 깨달았다.

★한붓그리기란 종이 위에서 연필을 한 번도 떼지 않은 채 같은 곳은 두 번 지나지 않으면서 어떤 도형을 그릴 수 있느냐 없느냐를 따지는 문제. 한붓그리기는 모든 점이 짝수 개의 선과 연결돼 있거나, 점 두 개만 홀수 개의 선과 연결돼 있어야 가능하다.

쾨니히스베르크 다리 문제는 점 4개와 선 7개로 이루어진 그래프에서 경로(건너는 길)를 찾는 한붓그리기★ 문제가 됐다. 오일러는 이 문제로 그래프 이론이라는 수학의 새 분야를 열었다. 쾨니히스베르크 다리 문제 역시 모든 점이 홀수 개의 선으로 연결돼 있어 한붓그리기가 어렵다는 결론이 났다. 즉, 이 문제는 애초부터 조건 안에서 모든 다리를 건널 방법이 없는, 그러니까 정답이 없는 문제라는 얘기다.

문제 상황을 맞닥뜨렸을 때 '수학으로 생각하기'

홈스는 모리아티 교수를 '지적으로 동등한 적수'라고 표현했다. 홈스가 모리아티를 잡으려고 다가갈수록 모리아티는 홈스가 사랑하는 사람들을 위협했다. 그러면서 홈스가 당황하는 사이 잽싸게 빠져나갈 구멍을 만들었다.

만약 모리아티가 수학자 출신이 아니었다면 어땠을까? 아마 다른 범죄자들처럼 홈스에게 손쉽게 잡히지 않았을까. 하지만 모리아티는

뛰어난 수학 능력을 발휘해 문제 상황을 마주할 때마다 논리적으로
문제를 해결하는 방법을 잘 알고 있었던 것 같다. 그리고 홈스 역시
모리아티만큼이나 논리적인 사람이었다. 그들은 어떻게 서로 대적할
수 있었을까. 그 비밀은 '수학으로 생각하는 힘'에 있다.

　세계적으로 권위 있는 수학 교육자이자 미국 캘리포니아대학교 버
클리캠퍼스(UC버클리) 수학교육과 교수 앨런 숀펠드는 문제 상황과
맞닥뜨렸을 때 그 결과가 아니라 결과를 이끌어 내기까지의 생각 과
정이 중요하다고 강조했다. 그는 '수학으로 생각하는' 훈련 방법을 소
개했다. 이것은 문제 상황에 처했을 때나 사건을 해결해야 할 때, 또
는 위기를 극복해야 할 때 스스로 주변 환경을 관찰하며 우연히 떠오
른 수학적인 아이디어로 시작해 생각을 구체적으로 발전시키는 방법

이다.

　먼저, 문제 해결을 돕는 자원을 모으는 일을 해야 한다. 즉 평소 수학 지식을 쌓는 과정이 필요하다. 학생이라면 주로 수업 시간에 수학 개념을 배울 것이고, 학생이 아니어도 책이나 동영상 강의 등의 방법으로 이 과정을 경험할 수 있다. 살면서 어떤 문제 상황을 마주할지 예측할 수 없으니 수학을 배워서 여러 상황에 해결하는 방법을 미리 익히는 셈이다. 이 단계에서는 개인이 사용할 수 있는 도구와 기법, 문제와 관련된 수학 지식, 직관, 문제 풀이 알고리즘 등을 머릿속에 잘 정리해 두면 된다. 홈스는 주로 책이나 경험을 통해, 모리아티는 어린 시절부터 꾸준히 수학 연구를 하면서 문제 해결력을 갖췄다.

　또는 인지과학의 한 분야인 '발견술'을 적용해 보면 어떨까? 발견술이란 생소하고 낯선 문제를 만났을 때 이것을 해결하기 위한 전략을 세우는 방법이다. 이때 1) 전략과 기술 유추하기, 2) 문제를 일반화 또는 특수화하기, 3) 보조 문제 이용하기, 4) 거꾸로 풀기와 같은 세부 단계 중에 적용이 가능한 게 있다면 문제 해결은 쉬워질지도 모른다. 어떤 새로운 문제 상황이 생겼을 때 그동안 공부하고 익혀 둔 자원을 알맞은 때에 사용하는 방식이다. 즉, 맞닥뜨린 상황에 따라 어떤 수학 개념을 적용해 그 문제를 해결할지 시뮬레이션해 보는 것을 말한다.

　예를 들어 홈스가 모리아티를 만나 그의 연구실에서 발견한 책을 하나 집어 들며 필적학을 근거로 모리아티의 성격에 대해 말하는 장면이 나온다.

"심리적인 관점에서 사람의 손글씨를 분석하는 데 쓰이는 학문이 필적학이지. P, J, M의 위쪽 획으로 천재적인 지성을 알 수 있고, 아래 획에서 놀라운 창의력과 세심함이 드러나. 글자의 기울기와 눌러 쓴 강도를 보면 자아도취 성향이 있고, 타인과의 공감대가 결여된 것은 물론, 비윤리적인 성향이 있군."

이처럼 홈스와 모리아티는 자신이 처한 상황에서 각자 유리한 방식으로 문제를 해결하고자 논리적인 사고를 최대로 발휘했다. 모리아티는 증거를 남기지 않고 악행을 저지르며 본인의 탐욕을 채웠고, 홈스는 미꾸라지처럼 빠져나가는 모리아티를 잡기 위한 덫을 계속 놓았다.

쫓고 쫓기는 그림자게임

시간이 흘러 마침내 홈스는 모리아티 교수를 독대한다. 둘은 마주한 순간 어색한 기운이 감돌았지만, 자기소개 없이도 서로 누군지 단번에 알아챘다. 몇 마디 설전이 오간 뒤 모리아티 교수는 다음처럼 날이 선 말을 건넨다.

"우주 역학적으로 두 물체가 충돌하면 부수적인 피해가 따르기 마련이지. 상극인 두 남자가 충돌하자 둘 사이에서 방황하던 한 여자(홈스의 여자 친구)가 갑자기 병에 걸려 불치병인 희귀성 폐결핵으로 죽고 말았어. 정말 이 게임을 계속 하고 싶나? 당신이 질 거야. 경고하는데 날 쓰러뜨리려고 한다면 무사하지는 못할 거야. 당신을 존경하기에 아직까진 살려둔 거니까."

모리아티의 패기에 적잖이 당황한 홈스는 이 게임을 '그림자 게임'이라고 일컫는다. 그림자가 어떤 물체의 뒤를 계속 따라오는 것처럼, 끊임없이 쫓고 쫓기는 둘의 상황이 닮아서다. 홈스는 실제로 이 사건을 쫓다가 여자 친구를 잃었다. 파트너인 왓슨, 홈스의 형도 여러 번 생명에 위협을 느낀다.

이내 평정심을 되찾은 홈스는 딱 한 마디를 답례로 전한다.

"당신을 잡을 수만 있다면 내 목숨은 버릴 수 있어."

마치 이 말을 증명하듯 영화가 끝날 때쯤 모리아티를 덮친 홈스가 함께 벼랑 아래로 떨어지는 장면이 나온다. 모리아티의 죽음으로 유럽 전역은 평화를 되찾고, 평화와 맞바꾼 홈스를 그리워하며 회상한다. 하지만 역시 '주인공은 죽지 않는다'는 통설을 증명하듯 새로운 모습으로 변장한 홈스가 등장하며 영화는 막을 내린다. 영화를 보는 내내 사람의 움직임 뒤를 바짝 쫓는 그림자처럼 수학을 통해 홈스와 모리아티가 서로를 쫓는 긴장감을 맛볼 수 있다.

6

이 사건을 누구도 쉽게
증명할 수 없는 미해결
문제로 만들어라

〈용의자X〉

#천재수학자 #알리바이 #용의자 #완전수 #피타고라스 #
피타고라스음계 #삼각수 #조화수열 #완전5도 #골드바흐
추측 #디지털증거 #편미분방정식 #스테가노그래피

"아무도 풀 수 없는 문제를 만드는 것과 그걸 푸는 것 중 어떤 게 더 어려울까?"

수학을 사랑한 남자가 만든 완벽한 알리바이

주인공 석고는 천재 수학자라는 수식어가 아깝지 않은 사람이었지만, 현실에서는 별 볼일 없는 고등학교 수학 교사로 산다. 그의 뛰어난 재능을 알 리 없는 주변 사람들은 그를 그저 앞뒤 꽉 막힌 고지식한 노총각으로만 대한다. 석고 역시 무미건조한 일상에서 삶의 의미를 찾지 못하고 방황한다. 그러다 결국 그는 극단적으로 생을 마감하려 한다.

하필 그때 초인종 소리가 들린다. 석고가 문을 열자 옆집에 새로 이

사 온 화선과 화선의 조카가 인사를 한다. 아주 짧은 순간이었지만 석고는 화선의 밝은 미소에서 새로운 희망을 발견한다. 마치 다시 살아야 할 이유를 찾은 것처럼 말이다. 그러고는 화선의 주위를 맴돌며 그녀의 존재만으로 하루하루 작은 행복을 느낀다.

그렇게 얼마나 지났을까. 일상으로 돌아온 어느 날, 옆집에서 낯선 남자와 싸우는 듯 큰 소리가 들린다. 화선의 위기를 직감한 석고는 그녀를 돕기로 결심한다. 화선이 우발적으로 전남편을 살해한 사실까지도 철저히 숨기도록 돕는다. 화선의 알리바이를 치밀하게 조작하려고 사건이 일어난 다음 날 수사에 혼선이 될 만한 일을 여러 가지 꾸민다. 그리고 석고는 마치 세상에 알려지기 바라는 듯 눈에 잘 띄는 곳에 사체를 유기해 세상의 이목을 집중시킨다.

전남편 살해 사건을 수사하는 경찰은 당연히 첫 번째 용의자로 화선을 지목한다. 수사망을 더 좁히자 옆집에 사는 석고까지 의심스럽다. 이때 화선과 석고를 끝까지 의심하며 뒤를 쫓는 인물 민범이 나온다. 원작 소설에서는 형사와 물리학자가 각각 등장하는데 영화에서는 형사와 물리학자의 역할을 한 사람이 맡았다. 민범은 형사이자 석고의 고등학교 동창인데, 석고가 천재적인 수학 능력을 발휘하지 못하고 현실에 안주해 사는 것을 안타까워하는 인물이다.

원작 소설에서 물리학자는 냉철한 이성을 앞세워 확실하게 증명된 과학 이론과 실험을 근거로 사건을 풀어 간다. 하지만 영화 속 형사 민범은 첫째도 감, 둘째도 감이다. 천재 수학자 석고의 연구를 깊이 공감하진 못하지만, 진심으로 그의 발자취와 능력을 존중한다. 민범은 수사 의도를 숨기고 석고와의 만남을 이어 가며 애쓰지만, 화선에 대해서도, 석고에 대해서도 무언가 알아내기가 쉽지 않다.

그러던 어느 날 민범은 잠시 다 내려놓고, 친구로서 편한 이야기를 하러 석고의 집을 찾는다. 그리고 석고의 집에서 우연히 《완전수(Perfect Number)》라는 수학 교재 사이에서 단서를 하나 발견한다. '그 마음 잊지 않겠습니다. 감사합니다'라는 내용이 적힌 고양이 모양의 메모지다. 화선이 석고에게 감사한 마음을 전하면서 선물한 박스 안에 담겨 있던 메모다.

메모를 발견한 민범은 이 쪽지가 사건 해결의 실마리임을 직감한다. 이 뒤로 화선이 일하는 가게에서 고양이 모양의 메모지를 발견하게 되고, 화선의 글씨체를 확인한 민범은 화선이 석고에게 큰 신세를 졌다는 사실을 알게 된다. 그런데 영화에서 이 쪽지가 하필 《완전수》라는 책에서 발견된 이유가 뭘까?

수학에서 완전수는 자기 자신을 제외한 양의 약수를 합한 것으로 표현할 수 있는 양의 정수를 말한다. 예를 들어 6의 양의 약수는 1, 2, 3, 6이다. 이때 자기 자신인 6을 제외한 1, 2, 3을 더하면 $1+2+3=6$으로 다시 6이 된다. 6 이외에 완전수는 28, 496, 8128 등이 있고, 어떤 수학자는 오늘날에도 계속해서 또 다른 완전수를 찾고 있다.

영화 〈용의자X〉의 영어 제목이기도 한 완전수(The Perfect Number)는 석고의 목표인 완벽한 알리바이를 의미하는 게 아닐까. 그래서 감독이 가장 중요한 단서도 《완전수》라는 책에서 발견하도록 한 건지도 모른다.

누구도 풀지 못하는 살인 사건으로 남을 수 있을까?

경찰이 바보가 아니라면 계속해서 화선을 의심할 수밖에 없는 상황이었다. 아무리 알리바이가 확실하다고 해도, 모든 심증이 화선을 피의자로 지목한다. 하지만 석고는 무연고자 이중 살인 작전으로 모든 물증이 화선을 피해 가게 만든다. 석고는 이 사건의 알리바이를 설계할 때, 골드바흐의 추측을 계속 떠올리며 좁혀 오는 수사망을 빠져나갔다.

석고는 민범의 좁혀 오는 수사망을 실시간으로 관찰해, 화선과 그 조카가 용의선상에서 벗어날 수 있도록 돕는다. 덕분에 화선은 거짓말을 단 한 번도 하지 않고 무사히 거짓말 탐지기를 통과한다. 분명 화선이 가장 유력한 용의자이고, 실제 가해자라면 철저한 알리바이를 설계하지 않는 한 거짓말을 하지 않고 사건 당일에 있었던 일을 서술하기는 어렵다. 하지만 석고의 '골드바흐 추측 전략'으로 모든 게 가능해졌다. 예를 들어 석고는 실제 살인 사건이 일어난 다음 날 무연고자를 살해했는데, 무연고자를 살해하던 시각에 화선과 그 조카를 영화관에 보내 알리바이를 만들었다.

석고는 화선의 사건을 골드바흐 추측처럼 역사에 길이 남을 '미제 사건'으로 만들고자 했다. 석고는 고교 시절부터 지금까지 늘 골드바흐 추측을 증명하려고 부단히 노력했다.

골드바흐 추측이란, 2보다 큰 모든 짝수는 소수 두 개의 합으로 나타낼 수 있다는 가설이다. 이때 하나의 소수를 두 번 사용하는 것까지 허용한다. 예를 들어서 20까지의 짝수는 $4 = 2 + 2$, $6 = 3 + 3$, … $18 = 5 + 13 = 7 + 11$, $20 = 3 + 17 = 7 + 13$과 같이 표현할 수 있다. 그러나 300년이 넘도록 모든 짝수가 두 가지 소수 합으로 표현이 될 수 있는지는 증명되지 않았기에 미해결 문제로 남아 있다. 골드바흐 추측에 대한 자세한 설명은 다음 꼭지(▶ㄱ) 112쪽에서 이어진다. ◉

그렇게 매 순간 떠올리던 '증명에 대한 갈증'은 화선을 만나 사랑을 느끼면서 이성적인 판단이 흐려져 왜곡되고 만다. 석고의 왜곡된 사랑은 이번 살인 사건을 골드바흐의 추측처럼 아무도 해결할 수 없는 미해결 문제로 만드는 방향으로 흐르고 말았다. 골드바흐 추측은 이 성질을 누군가에서 설명했을 때 누구나 마치 쉽게 증명할 수 있을 것처럼 보인다는 특징이 있다. 하지만 막상 증명하려고 들면 그 누구도 명쾌한 답을 내놓지 못한다. 그렇게 300여 년이 흘러 오늘날까지 미해결 문제로 남아 있다.

화선은 석고의 잘못된 사랑 방식을 거절한다. 석고는 결국 화선의 죄를 자신이 뒤집어쓰기로 결심하고 경찰서로 찾아간다. 자신이 화선의 남편을 죽인 피의자라며 거짓 자백을 한 것이다. 그렇게 그의 잘못된 사랑은 마침표를 찍는다.

피타고라스를 사랑한 남자

석고는 학교에서 정말 인기 없는 수학 선생님이다. 그의 수업 시간은 쉬는 시간과 다름이 없다. 학생들은 이어폰을 꽂고 다른 과목을 공부하거나 대놓고 기타를 친다. 석고는 학생들이 수업을 듣거나 말거나 신경 쓰지 않는다. 칠판에 수학 문제를 적으며 그 풀이를 생각하고 정답을 찾는 과정을 즐길 뿐이다.

영화 속 수업 장면을 들여다보자. 수열을 가르치던 날이다. 석고는 칠판 한구석에 피타고라스의 삼각수를 적어 놓고, 수열의 일반항에

대한 이야기를 혼잣말로 하고 있다. 그러다 우연히 뒤를 돌아 학생들을 바라보다 기타를 치던 학생과 눈이 마주친다.

석고는 그 학생에게 기타 운지법과 코드, 음계의 화음을 이야기하며 피타고라스의 조화수열을 떠올린다. 수학에서 조화수열로 화음의 원리를 설명할 수 있기 때문이다.

조화수열이란, 나열된 수의 역수★가 등차수열을 이루는 수열★을 말한다. 예를 들어 1, $\frac{1}{3}$, $\frac{1}{5}$, $\frac{1}{7}$, $\frac{1}{9}$…의 각 항의 역수를 구하면 1, 3, 5, 7, 9…가 된다. 이렇게 만든 수열은 첫 번째 수와 두 번째 수의 차이가 2(=3−1), 두 번째 수와 세 번째 수의 차이도 2(=5−3)이다. 다시 말해 n번째 수와 $n+1$번째 수의 차이가 모두 2로 같다. 이처럼 일정한 간격으로 증가하는 수열을 등차수열이라고 말한다.

사실 음악에서 수학적인 성질을 처음 찾아낸 사람은 바로 고대 그리스의 수학자 피타고라스다. 피타고라스는 우연히 대장간에서 들려오는 망치 소리를 듣고, 소리의 진동에도 수학이 숨어 있다고 생각했다.

비밀은 망치 무게에 있었다. 피타고라스는 연구 끝에 망치 무게에 따라 망치질 소리의 음정이 서로 달라진다는 사실을 발견했다. 음정은 높이가 다른 두 음 사이의 간격을 말한다. 예를 들어 망치 무게가 각각 5와 10이고, 그 비가 1:2인 망치를 동시에 두드리면 한 옥타브 차이가 나는 같은 음이 들린다. 낮은 도와 높은 도처럼 말이다. 만약 이때 망치 무게의 비가 2:3이 되면, 망치질 소리는 완전5도★를 이루었다.

　이것을 계기로 피타고라스는 조화를 이루는 아름다운 소리가 망치의 무게에 따라 달라진다는 사실과 더불어, 현악기의 경우 음정이 현의 길이와 관계가 깊다는 사실을 알아냈다. 피타고라스는 기준이 되는 현의 길이를 정하고, 기준 현과 기준 현 길이의 $\frac{2}{3}$가 되는 지점을 차례로 튕겨 소리를 비교했다. 그러자 두 소리는 완전5도의 화음을 이루었다. 예를 들어 처음 튕긴 현에서 '도' 소리가 나면, 현의 길이의 $\frac{2}{3}$ 지점에서는 도와 완전5도 화음을 이루는 '솔' 소리가 난다는 말이다.

★완전5도를 이해하려면 음정을 먼저 알아야 한다. 음정이란 음악이론에서 두 음의 간격 차이를 말한다. 이때 두 음이 얼마만큼 떨어져 있느냐에 따라 도수(2도, 3도, 4도, 5도 등)가 결정된다. 같은 도수 안에서 실제 음과 음 간격에 따라 도수 앞에 성질(완전, 장, 증, 단 등)을 표기해 말한다. 예를 들어 완벽한 음정을 설명하기 위해서는 '성질+도수'에 따라 완전5도, 장3도, 증4도 등으로 말한다. 이 가운데 완전5도는 두 음의 차이가 5도만큼 떨어져 아름다운 화음을 이루는 두 음을 말한다. 대표적으로 '도'와 '솔'이 완전5도를 이룬다.

　피타고라스는 현을 튕겼을 때 생기는 진동수에 의해 소리가 결정되며, 그 현의 길이가 짧아질수록 진동수는 많아지고 높은 음을 낸다는 사실을 수학적으로 증명했다.

　즉 현의 길이가 1, $\frac{2}{3}$, $\frac{1}{2}$배로 줄어들면, 음의 진동수는 역수(왼쪽 위의 용어 설명 참조)가 돼 1, $\frac{3}{2}$, 2배로 늘어나게 된다. 이것이 바로 공차가 $\frac{1}{2}$인 피타고라스의 조화수열이다.

　공차란 2, 4, 6, 8과 같이 일정한 간격으로 늘어나는 등차수열에서 수열의 항과 항 사이 일정한 간격을 말한다. 앞에서 설명한 n번째 수와 $n+1$번째 수의 차이가 바로 공차다. 예를 들어 2, 4, 6, 8 … 수열의 공차는 2다.

영화에서 석고는 수학보다 음악을 사랑하는 학생에게 '네 인생에서 수학은 쓸모없다고 생각하겠지만, 네가 사랑하는 음악에도 수학의 원리가 존재한다'는 메시지를 전하고 싶었던 게 아닐까?

한편, 피타고라스는 밤하늘의 별을 보며 모든 항이 도형을 이루는 수열을 연구했다.

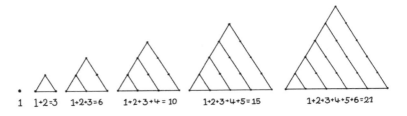

그중 정삼각형 모양을 이루는 수열을 '삼각수'라고 불렀다. 첫 번째 삼각수는 1, 두 번째 삼각수는 3(=1+2), 세 번째 삼각수는 6(=1+2+3)으로 자연수를 차례대로 더하면 삼각수를 만들 수 있다.

영화에서 하필 석고의 수업 장면에 삼각수를 선택한 이유는 뭘까? 앞에서 소개한 '완전수'가 모두 삼각수이기 때문이다. 보통 사람들이 알고 있는 완전수는 6 또는 28(양의 약수 : 1, 2, 4, 7, 14, 28) 정도인데, 6은 세 번째 삼각수, 28(=1+2+3+4+5+6+7)은 일곱 번째 삼각수다. 감독은 이렇게 완전수가 모두 삼각수가 된다는 사실을 알고 있었던 게 아닐까. 게다가 주인공 석고의 별명이 '뽕 맞은 피타고라스'였던 걸 떠올리면 퍼즐이 모두 맞춰진다.

디지털 증거, 수학으로 찾는다!

실제로 경찰들도 수사에 수학을 활용할까? 실제로 검찰청 소속 검사와 수사관들은 시간을 따로 쪼개 수학을 공부하기도 한다. 디지털 포렌식이라는 수사 기법을 활용하려면 수학을 꼭 알아야 하기 때문이다. 디지털 포렌식이란 스마트폰과 컴퓨터, CCTV와 같은 디지털 기기에 기록돼 있는 정보를 분석해 범죄 증거를 찾는 수사 기법이다. 예를 들어 범죄에 가담한 두 공범이 주고받은 메시지가 스마트폰에서 지워졌다고 해도, 디지털 포렌식으로 데이터를 복구할 수 있다.

이처럼 디지털 포렌식의 중요성이 커지자 2013년 서울대학교는 융합과학기술대학원에 '수리정보과학과'를 개설했다. 여기서는 현직 검사와 수사관들이 2년 동안 수학, 컴퓨터과학, 법학에 관련된 과목을 공부하며 정보 보호와 디지털 포렌식학을 전공한다.

디지털 포렌식에서 수학은 중요한 역할을 한다. 범죄 현장을 비춘 중요한 영상이 만약 저화질이라면 영상의 화질을 높이는 노력이 필요하다. 저화질 영상을 고화질 영상으로 만드는 데 편미분 방정식이 쓰인다.

편미분 방정식이란 두 개 이상의 독립 변수에 대한 도함수를 포함하

는 방정식이다. 여기서 도함수란 어떤 함수를 미분해 얻은 함수다. 미분은 아주 잘게 나누는 것을 말한다. 공간을 아주 잘게 나눠 새로운 면을 만드는 것이 미분이다. 다시 말해 3차원 공간을 미분하면 2차원 면이 된다. 또 이 면을 아주 잘게 나눠 선으로 만드는 것도 미분이다. 2차원 면을 미분하면 1차원 선이 된다. 이처럼 미분하면 차수가 낮아진다.

예를 들어 물이나 바람처럼 외부에서 어떤 힘을 가했을 때 변화가 일어나는 '유체'는 나비어-스토크스 방정식(편미분 방정식의 한 종류)맨 마지막 꼭지 (▶20, 257쪽)에서 자세히 다룬다.☺을 이용하면 어떻게 흘러갈지 예측할 수 있다. 이 식은 수학에서뿐만 아니라 공학에서도 활발하게 쓰이며, 실제보다 더 생동감 넘치는 파도나 불길을 표현하는 컴퓨터 그래픽에도 활용된다. 하지만 아직까지 3차원에서 정확한 해를 구할 수 없어 수학계 대표 난제로 꼽힌다. 과학계와 산업계에서는 해의 근삿값을 구해 활용하고 있다.

이밖에 기밀 정보를 아무도 눈치채지 못하도록 이미지나 동영상 속에 숨기는 스테가노그래피(Steganography)를 풀 때 통계를 이용한다. 스테가노그래피란 암호를 만드는 방법 중 하나다. 특히 원문의 존재 자체를 숨겨 겉으로 보기에는 아무것도 없는 것처럼 보이게 하는 방식이다. 2001년 9월 11일에 있었던 미국 9·11 테러범은 모나리자 사진 파일에 납치할 항공기의 운항 시간을 숨겨 전달했다고 알려졌다. 이처럼 메시지나 사진 같은 정보를 보이지 않게 감추는 방법을 스테가노그래피라고 한다. 정보를 알아채지 못하게 만든다는 점에서 스테가노그래피를 암호로 보기도 하지만, 엄밀하게 말하면 암호와 스테가노그래피는 다르다.

암호는 메시지의 글자 순서를 바꾸거나 혹은 글자를 통째로 숫자로 바꾸곤 한다. 하지만 스테가노그래피는 다른 대상에 감추는 '정보 은닉 기술'에 가깝다. 암호는 정보의 모습을 바꾸기 때문에 암호가 노출돼도 푸는 방법을 모르면 무용지물이다. 하지만 스테가노그래피는 정보를 숨길 뿐 형태를 바꾸지 않기 때문에 발각되면 즉시 정보가 드러난다.

스테가노그래피 기법을 적용하지 않은 원본 영상은 화면 전체를 이루는 각각의 화소 데이터가 일정하다. 하지만 일부러 새로운 정보를 영상에 더하면 화소★ 데이터가 불규칙하게 변한다. 이것은 그래프로 확인할 수 있다.

이렇듯 사건에 대해 이해가 높은 수사관이 어떤 수학이 어떻게 쓰이는지 정도는 알고 있어야 수사가 쉽다. 그렇기 때문에 과학 수사에 필요한 수학을 공부하려는 검사와 수사관들이 점점 더 늘고 있다. 아무리 맛있고 질이 좋은 식재료가 있어도 요리하는 방법을 모르면 아무 소용이 없는 것과 같은 원리다.

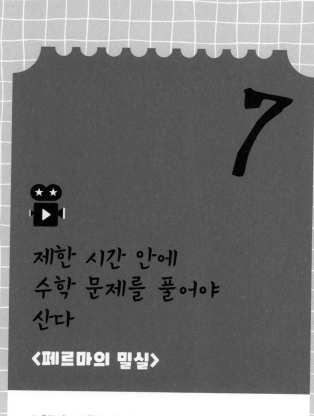

7

제한 시간 안에
수학 문제를 풀어야
산다

⟨페르마의 밀실⟩

#페르마 #수학문제 #갈루아 #힐베르트 #파스칼 #올리바
#골드바흐추측

페르마의 위험한 초대

영화 〈페르마의 밀실〉은 2007년에 만들어진 스페인 영화다. 우리나라에서는 극장 개봉은 하지 않았지만, 제목에서 느껴지는 '수학' 냄새를 놓칠 수 없어 이 영화를 소개한다. 영화 시작부터 끝까지 수학 문제가 나오는 데다가 심지어 제한 시간 안에 수학 문제를 풀지 못하면, 죽는다!

어느 날 한 남자는 정체를 알 수 없는 누군가로부터 편지 한 통을 받는다. 그 편지에는 '수학 덕후(?)'라면 누구나 불끈불끈할 문제 하나가 적혀 있다.

'5-4-2-9-8-6-7-3-1'

'만약 당신이 이 문제를 풀 수 있다면, 이번 주말에 있을 수학자 모임에
참가 자격이 생깁니다.'

_페르마

제한 시간은 열흘. 열흘 안에 문제를 풀어 답을 제출하면 특별한 수
학자 모임에 참가할 수 있다니…. 게다가 '페르마'의 초대. 하지만
이 남자는 마지막 날까지 문제를 풀지 못했다. 얼마 안 남은 시간, 남
자는 문제를 포기하려던 찰나 도서관 사서에게서 짤막한 아이디어를
얻어 마침내 문제를 푼다.

정답을 공개하기 전 우리나라 버전(?)으로 문제를 바꿔 보자.

'4-5-2-3-9-8-6-7-1'

'수의 규칙을 찾아보세요!'

힌트는 '우리나라'에 있다. 영화 속 배경은 스페인, 그리고 우리나
라. 두 나라의 차이점은 여러 가지가 있지만 그중 가장 대표적인 것
은 언어다. 이것은 언어와 관련된 문제다. 언어와 관련된 규칙 찾기
문제. 우리나라 버전으로 치환된 저 문제에서 먼저 숫자부터 살펴보
자. 우리나라에서 수를 읽는 방법은 두 가지인데 이 문제는 '하나, 둘,
셋…'으로 읽는 기수법과 관련이 있다. 1부터 9까지의 수를 기수법으
로 읽으면 '하나, 둘, 셋, 넷, 다섯, 여섯, 일곱, 여덟, 아홉'이다. 이를

사전에 나오는 순서(가나다 순)대로 배열하면 '넷(4) 다섯(5) 둘(2) 셋(3) 아홉(9) 여덟(8) 여섯(6) 일곱(7) 하나(1)'가 된다. 다시 말해 이 문제에 나오는 '수의 규칙'은 '사전에 나오는 순서'다.

앞서 소개한 '5-4-2-9-8-6-7-3-1' 문제 역시, 스페인어 사전에 나오는 순서로 써 보면 5(cinco, 씽코), 4(cuatro, 꾸아뜨로), 2(dos, 도스), 9(nueve, 누에베), 8(ocho, 오쵸), 6(seis, 세이스), 7(siete, 시에떼), 3(tres, 뜨레스), 1(uno, 우노)가 된다. 페르마의 편지를 받은 남자는 이렇게 이 문제를 풀어낸다. 그리고 이 문제를 시작으로 '특별한 수학자 모임'에 참석하면서 영화는 본격적으로 시작한다.

페르마의 밀실에 갇힌 네 사람
그리고 수학 문제

특별한 수학자 모임은 반드시 지켜야 하는 몇 가지 규칙이 있었다.

첫째, 정해진 가명(수학자 이름)으로 참석할 것.
둘째, 모임에는 휴대전화를 두고 올 것.
셋째, 서로에게 신상에 관한 질문은 하지 않을 것.

이 모임에는 네 사람이 초대됐다. 영화 첫 장면에 등장하는 대학생

(갈루아), 친구와 체스를 두던 나이 든 수학자(힐베르트), 도서관에서 문제를 풀던 발명가(파스칼), 트렌치코트를 입고 나타난 여인(올리바)이다. (갈루아, 힐베르트, 파스칼, 올리바, 페르마는 영화 속 주인공들이 사용하는 가명이다. 앞으로 본문에 등장하는 이 이름들은 실제 수학자가 아닌 영화 속 인물을 칭한다.)

약속 장소에 모인 네 사람은 '피타고라스'라는 배를 타고 강을 건너, 주차돼 있던 자동차를 타고 내비게이션을 따라 굽은 산길을 올라가 허름한 창고 앞에 도착한다. 네 사람은 자연스럽게 창고 안으로 들어가 일행을 초대한 '페르마'를 찾는다. 얼마나 지났을까. 드디어 페르마가 도착하고 다섯 사람은 식사를 한다. 함께 배를 타고 강을 건너 온 네 사람은 페르마가 새로운 문제를 내기만을 기다린다. 그때 페르마에게 전화가 걸려 온다.

간단한 통화를 끝낸 페르마는 급한 일이 있다며 자신이 타고 온 차를 몰고 창고를 빠져나간다. 몇 분 뒤 갑자기 내비게이션으로 활용했던 전자 기기현재의 스마트패드보다는 비교할 수 없을 만큼 기능이 부족하지만, 당시에는 최신식 전자 수첩이었던 PDA●에서 알림이 울린다. 드디어 기다리던 수학 문제다.

첫 번째 문제 | **제한 시간 1분** | 과자 가게 주인이 사탕이 든 상자 세 개를 건넸다. 하나는 박하, 하나는 아니스, 하나는 둘이 모두 섞여 있다. 상자에는 각각 박하, 아니스, 박하·아니스라는 라벨이 붙어 있지만, 이는 모두 거

짓 라벨이다. 라벨을 알맞게 고치려면 상자에서 내용물을 꺼내 확인해야 하는데, 이때 내용물을 '최소 횟수'로 확인하려면 몇 번 꺼내 봐야 할까?

별안간 등장한 수학 문제로 다들 당황했지만, 더 당황스러운 건 방문이 잠기고 방이 줄어들고 있다는 사실이었다. 그렇다. 영화 제목에서 알 수 있듯이, 네 사람은 제한 시간 안에 문제를 못 풀면 사방이 모두 1분에 약 10cm씩 줄어드는 밀실에 갇히고 말았다. 네 사람이 갇힌 방 둘레가 50m라고 가정한다면 방 한 변의 길이는 12.5m. 그런데 양쪽에서 10cm씩 1분에 20cm가 줄어드는 셈이다. 방 한 변의 길이

가 0이 될 때까지 걸리는 시간을 x(분)라고 하면 간단한 일차 방정식 '$12.5-0.2x=0$'으로 x를 구할 수 있다. x는 62.5(분)다. 만약 네 사람이 문제의 답을 찾지 못하면 1시간 안에 죽을 수도 있다는 뜻이다.

첫 번째 문제를 보고 우왕좌왕하는 사이에 제한 시간 1분은 훌쩍 지나고, 방은 어김없이 줄어들었다. 당황하는 사람들 사이에서 파스칼은 다급하게 최소 한 번이라며 자신의 주장을 펼쳤다. 그의 말인즉, 모든 라벨이 거짓이니 '박하·아니스' 상자만 확인하면 나머지는 자동으로 결정된다는 말이다. 다음 표를 보면 이해가 쉽다.

박하·아니스 상자 확인	박하·아니스	박하	아니스
박하 사탕이 나왔을 때	박하	아니스	박하·아니스
아니스 사탕이 나왔을 때	아니스	박하·아니스	박하

다시 말해 '박하·아니스' 상자에서 박하 사탕이 나온 경우, '박하·아니스' 상자는 '박하' 상자여야 한다. 남은 두 상자 중 하나는 분명 '아니스' 상자인데, 아니스 라벨은 거짓이니 현재 '박하' 라벨이 붙은 상자가 '아니스' 상자다. 같은 원리로 '박하·아니스' 상자에서 아니스 사탕이 나온 경우, '박하·아니스' 상자는 '아니스' 상자가 되고, '아니스' 상자는 자동으로 '박하' 상자다.

두 번째 문제 | **제한 시간 1분** | 다음 코드를 해석하라.

00000000000000001111111110001111111111100111111111100110

0010001100110001000110011111011111001111000111100011111111100000101010100000011010110000001111111000000000000000

이 문제는 올리바가 전체 수의 개수를 세고, 갈루아가 책꽂이에 있던 퍼즐로 모양을 만들어 간단히 해결했다. 수의 전체 개수는 169개다. 169는 13의 제곱으로 문제에 나온 코드로는 가로, 세로 길이가 13인 정사각형을 만들 수 있다.

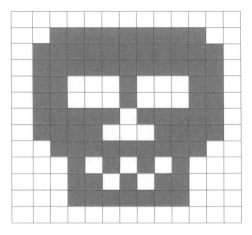

왼쪽 그림을 참고하면 더 쉽게 이해할 수 있다. 0은 흰색, 1은 붉은색으로 표시했다. 처음엔 얼굴이라고 대답했으나 정답은 해골이었다.

그런데 여기서 잠깐, 시간에 쫓겨 정신이 없는 와중에 네 사람은 페르마를 향한 의심과 분노가 점점 커졌다. 분명 규칙 중에 휴대전화를 가져올 수 없다고 했는데, 오직 페르마만 휴대전화가 있었다. 그리고 급히 나가느라 방에 두고 간 지갑으로 신분을 노출했다. 이때 파스칼이 어렵게 입을 떼서는, 자신과 페르마 사이의 얽힌 악연파스칼이 뺑소니 사고를 내서 페르마의 딸을 혼수 상태에 빠뜨렸다.을 밝히며 자신을 죽이려고 이 상황을 만든 것이라고 고백한다. 온갖 추측이 오가는 사이에 다음 문제가 도착한다.

방은 처음 들어왔을 때보다 절반 이상 줄어들었고, 네 사람의 갈등은 극에 달한다. 그런데 여러 단서로 추측해 보니 페르마 역시 '누군가'가 초대한 손님이었다. 페르마가 이 방을 황급히 떠난 것도 그 '누군가'의 계획한 일이었다. 심지어 그 '누군가'에 의해 페르마는 창고로 다시 돌아오는 길에 죽고 만다.

점점 좁아지는 방 탓에 '누군가'를 찾는 일이 쉽지 않았던 그때, 올리바와 갈루아, 힐베르트 세 사람의 관계가 밝혀진다. 올리바와 갈루아는 과거 연인이었고, 올리바와 힐베르트 역시 구면이라고 쓰고 악연이었다. 세 사람의 악연은 골드바흐 추측에서 시작된다.

평생을 바친 수학 난제, 골드바흐 추측

영화는 갈루아를 향한 시선으로 시작한다. 대학가 캠퍼스에서 마치 연예인이라도 본 듯 여학생들이 서서 갈루아에게 사인을 받는다. 그는 학교를 대표하는 시쳇말로 '뇌섹남(뇌가 섹시한 남자)'이다. 갈루아가 아주 중대한 발표를 앞두고 있다는 소식이 잡지를 통해 알려지면서 교내 유명 인사가 됐다. 그 중대한 발표는 바로 골드바흐 추측 해결에 관련된 논문이었다. 그런데 발표를 3일 앞둔 어느 날, 갈루아의 연구실은 난장판이 되고 그는 발표 자료를 모두 도난당하고 만다.

한편, 같은 시기에 힐베르트는 자신이 35년 동안 연구한 골드바흐 추측에 막 마침표를 찍으려는 준비 중이었다. 힐베르트 역시 골드바흐 추측을 해결한 것이다. 그런데 어떤 대학생이 자신보다 간발의 차로 먼저 이 문제를 해결했다는 기사를 보고 말았다. 힐베르트는 일생을 바친 영광의 순간을 이대로 놓칠 수 없었다. 그래서 갈루아에게 궁금한 내용을 적어 메일로 보냈다. 이 메일에 대한 답장은 당시 연인인 올리바가 대신 보냈다. 이렇게 세 사람의 인연이 시작됐다.

1742년 수학자 크리스찬 골드바흐는 모든 짝수는 두 소수의 합으로 나타낼 수 있다는 사실을 알아냈다. 골드바흐는 당시 최고 수학자였던 오일러에게 자신이 발견한 이 성질을 알리고 증명할 방법에 대해 조언을 구했다. 그러자 오일러는 이 문제를 '① 2보다 큰 짝수는 두 소수의 합으로 나타낼 수 있다'와 '② 5보다 큰 홀수는 세 소수의 합으로 나타낼 수 있다'로 나누어 생각해 보기를 제안했다.

②번 명제는 1937년 러시아의 이반 비노그라도프가 증명해냈지만 ①번 명제는 오늘날까지 '골드바흐 추측'으로 불리며 누구도 수학적으로 증명하지 못한 채 난제로 남아 있다. 컴퓨터로 400조 자리의 짝수까지 계산해 보니 반례(명제가 거짓이라는 것을 증명할 예시)는 없었다.

영화 속에서는 이 난제를 갈루아와 힐베르트가 비슷한 시기에 해결한 상황이다. 힐베르트는 갈루아의 실력을 확인해 보고 싶었다. 그런데 의도치 않게 올리바에게서 '갈루아의 발표 자료를 도난당했다'는 답장이 왔고, 힐베르트는 이것이 자신의 업적을 세상에 알릴 수 있는 기회라고 생각했다. 그는 더욱 치밀하게 무시무시한 밀실 살인 계획을 세웠다. 이 게임에 파스칼을 끌어 드린 이유는 페르마와의 악연 때문이다. 마치 페르마가 파스칼을 죽이려 한 살인 사건으로 위장하기 위해서다.

하지만 막상 밀실에 모두 모아 놓고 나니, 사람들은 힐베르트의 계획과 예상을 빗나간 행동을 했다. 게다가 커다란 반전이 있었다. 갈루아가 '자신의 연구는 존재하지 않는다'고 고백한 것이다. 발표 자료를 도난당한 사건도 자신이 꾸민 일이라고 했다. 이 소식을 듣자 힐베르트는 '자신이 최초'였다고 안심한다. 그리고 가방에서 자신의 연구 자료를 꺼내 가슴에 품고 죽기를 계획한다. 밀실에서 다 같이 죽음을 맞더라도 누군가에게 '최초로 골드바흐 추측을 증명한 사람'으로 남고 싶어서다.

"세상은 그대로야!"

힐베르트의 소원은 이뤄졌을까? 천만에다. 힐베르트의 계략을 모두 알아 버린 피 끓는 청춘 갈루아는 그를 때려눕힌다. 힐베르트가 정신을 잃은 사이 그의 연구 자료를 챙긴다. 그런 다음 마지막 일곱 번째 문제를 풀면서 출구를 찾고, 결국 힐베르트를 밀실에 홀로 둔 채세 사람만 탈출한다.

갈루아는 죽음의 갈림길에서도 힐베르트의 연구를 자신의 연구 성과로 둔갑할 계획을 꾸민다. 하지만 강 위의 작은 쪽배 '피타고라스' 호(?)에서 파스칼은 훔쳐 온 힐베르트 자료를 빼앗아 강으로 던져 버린다. 갈루아는 250여 년 만에 풀린 문제의 답을 버렸다며 불같이 화를 내지만, 파스칼은 의미심장한 목소리로 (다른 사람의 연구를 훔쳐 네 업적으로 발표한 결과라면) "세상은 그대로야!"라고 조언한다. 그렇게 세 사람만 페르마의 밀실을 빠져나온다.

영화 속에는 등장하지만 여기서 소개하지 않은 수학 문제도 있다. 사실 영화를 보는 내내 긴박한 분위기에 휩쓸려 마음이 조급해져 답이 잘 생각나지 않는다. 덩달아 밀실 안으로 조여 오는 느낌이 들어서다. 영화가 끝난 뒤 문제를 살펴보면 사실 풀기 어려운 문제는 하나도 없다. 참가자들이 수학 문제와 퀴즈를 좋아하는 사람이라면 더욱 그렇다. 그러나 공포감이 조성된 상황에서 문제에 집중하기가 쉽지 않다. 영화 속 문제를 풀어 보고 싶다면 이 영화는 두 번 이상 보기를 추천한다. 문제가 워낙 순식간에 자막으로 지나가는 데다가 네 사람의 대화가 끊임없이 이어져서 두 번은 봐야 눈에 들어올 테니까.

인류의 멸망을
막아야 한다! 무엇으로?
수학으로!

〈인페르노〉

#다빈치코드 #천사와악마 #인페르노 #댄브라운소설원작 #기호학자 #로버트랭던 #인구론 #토머스맬서스 #기하급수 #산술급수 #단테 #신곡 #지옥 #보티첼리 #지옥의지도 #데스마스크 #전염병확산경로예측 #미분방정식 #수리모델

기호학자 로버트 랭던, 그가 돌아왔다

미국 하버드대학교 기호학자(종교기호학과 교수) 로버트 랭던. 그가
있는 곳에는 항상 위기가 있고, 암호가 있고, 음모가 있다. 로버트 랭
던은 소설가 댄 브라운의 굵직한 작품을 원작으로 한 영화(물론 소설
에서도) 〈다빈치 코드〉, 〈천사와 악마〉의 주인공으로, 댄 브라운과
생일1964년 6월 22일●과 출생지미국 뉴햄프셔의 액시터 출신●가 같은 가상 인
물이다. 작품 세계에 자신을 투영해 만든 캐릭터를 등장시킨 셈이다.

로버트 랭던은 호기심이 많은데다가 인문학 지식도 뛰어나 놀라운
암호 해독 능력을 자랑한다. 이 때문에 늘 다양한 의뢰인들을 만나 인
생의 매 순간 위기에 처하는 캐릭터이기도 하다. 영화 〈다빈치 코드〉
에서는 프랑스에서 강연이 있어 머물던 중 경찰의 수사 요청으로 따

라나섰다가 살인 누명을 쓴다. 그 뒤에 이어진 영화 〈천사와 악마〉에서는 교황청의 암호 해독 부탁으로 바티칸에 갔다가 목숨을 걸고 폭탄 테러범과 맞서야 하는 상황에 놓인다.

랭던은 영화 〈다빈치 코드〉와 〈천사와 악마〉에 이어 영화 〈인페르노〉까지 등장하는데 〈인페르노〉에서는 의외의 장소에 의외의 모습으로 킬러에게 쫓기며 사건을 시작한다.

머리에 심각한 상처를 입은 그가 응급실 침대에 누워 있다. 다행히 의식은 돌아왔지만 환각, 환청, 극심한 두통으로 괴롭다. 분명 마지막 기억은 하버드대학교 캠퍼스 안 벤치에 앉아 있었던 장면까지인데, 병원 창문 밖 풍경이 이탈리아다. 그런데 어떤 이유로 이탈리아의 낯선 병원에 누워 있는지 전혀 기억나지 않는다. 의료진은 단기 기억상실증이라 말한다. 잠시 정신을 차리고 한숨을 돌리려던 찰나, 병실엔 반갑지 않은 손님이 찾아온다. 그를 노린 킬러다.

그렇게 영화는 시작부터 화려한 영상과 긴박한 상황이 전개된다. 극적으로 병원을 빠져나온 랭던은 사고 전에 입었던 재킷 안쪽에서 그림 한 장이 담긴 디지털 장치를 발견한다. 기억상실증으로 그 장치가 자신의 것인지도 확신할 수 없다. 랭던은 최신식 바이오 잠금(지문 인식 장치)을 풀고 내용물을 확인할 수 있게 되자 그제야 자신의 것임을 알아챈다. 그 그림은 이탈리아의 시인 단테의 《신곡》★ 속 지옥(이

★시인 단테의 작품 **《신곡》**은 유명한 고전이다. '지옥편', '연옥편', '천국편'으로 이뤄진 대서사시이며 '지옥편'을 이탈리아어로 표기할 때 'Dante's Inferno'라고 쓰는데, 영화 제목 〈인페르노〉는 여기서 따온 것으로 알려져 있다.

탈리아어로 인페르노)의 모습을 가장 잘 표현한 작품으로 알려진 보티첼리의 '지옥의 지도'였다. 알고 보니 병원에서부터 자신을 괴롭히는 환각과 환청은 모두 그 그림에 표현된 지옥의 모습이었다. 그런데 이 그림은 곳곳에 알파벳 대문자(C-A-T-R-O-V-A-C-E-R) 10개가 흩어져 숨어 있는 특별한 암호문이었다. 랭던은 암호에 집중해 보려고 애썼지만 계속해서 환각이 보인다. 깨질 것 같은 두통으로 집중하기 어려운데,

단테 초상화

《신곡》 지옥편 1곡 1~3행.
우리의 인생길 한가운데서 나는 올바른 길을 잃어버렸기에 어두운 숲속에서 헤매고 있었다.

보티첼리의 '지옥의 지도'

엎친 데 덮친 격으로 경찰과 미국 영사관 직원, 세계보건기구(WHO) 사람들까지 여러 조직이 동시에 랭던을 쫓는다. 어느 조직과도 섣불리 만날 수 없는 그는 곤란한 상황을 겪지만, 다행히 응급실에서 치료해 주고 병원에 찾아온 킬러로부터 자신을 구해 준 의사 '시에나'가 구원 투수로 함께한다. 병실에서 시에나는 랭던의 팬이었다며 처음부터 그의 곁에서 조력자 역할을 한다.

'지옥의 지도'에 그려진 알파벳 대문자(C-A-T-R-O-V-A-C-E-R) 10개로 조합해 말이 되는 단어를 떠올려 보니 COVER, OVER, CAT과 같은 의미를 알 수 없는 단어뿐이다. 그러다 랭던 귀에 들리던 환청에서 힌트를 얻는다. 그는 곧 그 암호가 이탈리아어 문장, '체르카 트로바(CERCA TROVA, 구하면 찾으리라)'임을 깨닫게 된다.

랭던과 시에나는 이 문장을 단서로 삼아 피렌체 베키오 궁전에서 얻은 힌트로 단테의 데스 마스크 위치를 알아낸다. 또한 데스 마스크 뒷면에 숨겨진 힌트로 다음 목적지가 베니스임을 알게 된다. 추적하는 세력을 따돌린 채 도착한 베니스의 어느 한 박물관에서 그들은 이스탄불이 최종 목적지임을 깨닫는다. 안타깝게도 영화에서는 시간 관계상 암호를 추리하고 추적하는 장면이 대부분 생략돼 있고 결과만 나타난다. 원작 소설에서 그 내용을 조금 더 자세하게 확인할 수 있다. 😊

맬서스 인구론, 정말 인류가 멸망할까?

토마스 맬서스
1833년의 초상

원작가 댄 브라운은 단테가 그린 지옥을 현재 시점으로 가져와 인구론 이야기를 풀어냈다. 1798년 영국의 수학자이자 인구학자인 토마스 맬서스는 인구론을 주장하며 논문을 발표했다. 인구론이란 인구는 기하급수적으로, 식량은 산술급수적으로 증가해 인류가 머지않아 멸망할 것이라는 이론이다. 여기서 기하급수적이란 어떤 수량의 변화가 일정한 수만큼씩 '곱해져서 증가하는 것'을 말하고, 산술급수적이란 어떤 수량의 변화가 일정한 수만큼씩 '더해져서 증가하는 것'을 말한다. 다시 말해 맬서스의 주장에 따르면 인구가 2배, 4배, 8배씩 증가할 때 식량은 1배, 2배, 3배씩 증가하고, 이처럼 인구가 증가하는 걸 식량이 뒷받침하지 못해 결국 인류가 망한다는 주장이다. 지금 생각하면 터무니없는 주장 같지만, 맬서스가 이를 예측할 당시만 해도 산업혁명 초기였기에 이 주장에 힘이 실렸다.

실제로 인구는 얼마나 빨리 늘어날까? 세계 인구 시계를 참고하면 미국만 해도 8초에 1명씩 새로운 생명이 탄생하며 12초에 1명씩 사망자가 나온다. 2020년 2월, 전 세계 인구는 76억 명을 돌파해 80억 명을 향해 간다. 프랑스 국립 인구연구소(Institut National d'Études Démographiques, INED)의 조사 결과를 따르면 2050년에는 97억 명

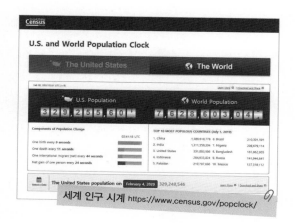

세계 인구 시계 https://www.census.gov/popclock/

(9.7 billion)까지 늘어날 전망이다.

인류는 산업혁명을 통해 놀라운 발전을 이루며 맬서스의 인구론은 사실이 아님이 밝혀졌다. 하지만 워낙 흥미로운 주제이다 보니 다양한 영화나 소설에서 이 소재가 등장한다. 영화 〈12 몽키즈〉에서는 질병으로, 영화 〈미션 임파서블: 고스트 프로토콜〉에서는 핵무기로, 영화 〈킹스맨〉에서는 와이파이로 폭력성을 퍼뜨려 인구 감소 프로젝트를 시도한다. 영화 〈인페르노〉에서도 흑사병 바이러스로 인구를 줄이려 든다.

영화 속 천재 생화학자 버트런드 조브리스트는 맬서스의 인구론에 따라 인류 멸망을 막기 위해 인구 감소 프로젝트를 진행하려고 한다. 현재 식량난이 걱정되는 것은 아니지만, 그는 대중 앞에서 인구가 기하급수적으로 늘어나 환경이 파괴돼 인류가 지옥을 경험하고 죽게 될 거라고 주장한다.

조브리스트는 이것이 현실로 일어나기 전에 '생화학 무기'를 개발이미 치명적인 바이러스를 살포할 계획 수립 해서 이 무기로 세계 인구 수를 $\frac{1}{3}$ 만 남겨야 인류 멸망을 막을 수 있다고 주장한다. 그는 중세 유럽 인구의 약 30%의 목숨을 앗아간 흑사병 바이러스인 페스트균을 다량으로 살포하려고 계획한다. 실제 상황에서 바이러스는 예방 백신이 개발된다면 일부 환자는 치료가 가능하므로 인류의 멸망은 막을 수 있다. 영화 속에서 바이러스는 현대 의학 기술로 치료가 어렵다고 설정돼 있다.

그런데 랭던이 기억을 잃기 3일 전 누군가에게 쫓기던 조브리스트가 자살을 택한다. 바이러스가 보관된 장소는 암호로 숨겨 놓았다. 그리고 '지구에 인구가 과잉돼 있으니 정화하겠다'는 메시지를 담은 영상을 남긴다. 영상에 따르면 남은 시간은 23시간뿐. 랭던은 23시간 안에 조브리스트가 남긴 암호를 풀고 바이러스를 찾아 대규모 생화학

테러를 막아야 한다.

최종 목적지 이스탄불로 떠나기 직전, 시에나의 정체가 밝혀진다. 그녀는 조브리스트의 연인으로, 그의 프로젝트를 완성할 히든카드였다. 시에나는 랭던을 속이고 바이러스의 최종 위치를 찾아 이스탄불로 향한다. 그녀는 랭던보다 빨리 바이러스를 터뜨리려고 기폭제를 설치한다. 하지만 절체절명의 순간, 원격 조종 버튼이 말을 듣지 않고 결국 시에나는 작전을 실패한다. 엄청난 사투 끝에 랭던은 바이러스 테러를 막는 데 성공한다.

바이러스가 어떻게 퍼질지 계산해 보자

영화는 끝났지만 바이러스와 질병, 전염병 확산에 대한 수학적인 생각은 끝나지 않았다. 영화 〈인페르노〉의 원작 소설에서는 랭던과 그 일행이 바이러스가 숨겨진 장소를 찾았을 때 이미 바이러스가 퍼지고 난 뒤였다. 다만 소설에서는 흑사병 바이러스가 아니라, 전 세계 인구의 약 $\frac{1}{3}$ 이 아이를 낳을 수 없도록 만드는 바이러스였다.

만약 소설처럼 위험한 바이러스가 퍼지고 있다면, 정부나 관련 의료 조직은 서둘러 바이러스의 전파 속도를 수학으로 계산하고 확산 경로를 예측해 사람들의 안전을 지켜야 한다. 실제로 전염병 확산 경로 예측이나 바이러스 전파 속도를 계산할 때 수학이 쓰인다.

전염성이 강한 질병은 시간이 지날수록 환자가 새로운 환자를 만들어 낸다. 따라서 질병의 확산 속도를 줄이고 추가 발병을 막으려면, 감염 경로를 올바로 이해해야 한다. 이때 전염병 수리 모델★이 쓰인다.

★**수리 모델**이란, 어떤 현상이 일어나는 논리를 알기 쉽게 정리해 나타낸 대표적인 도구를 말한다.

이때 가장 기본이 되는 변수는 시간이다. 시간에 따라 변하는 각 집단의 개체 수가 가장 중요한 요소이기 때문이다. 변수를 모두 결정하면 이들의 관계를 설명할 수학식을 세워야 한다. 이때는 시간이나 공간과 같은 기본 요소 이외에도 바이러스의 잠복기가 있는지, 백신이 있는지도 고려해야 한다. 그런 다음 방정식을 세우면 된다. 방정식은 꽤 오래전에 세워진 '로트카-볼테라 방정식'을 기초로 한다. 1925년 이탈리아의 수학자 비토 볼테라와 미국의 생물학자 알프레드 로트카는 자신들이 만든 로트카-볼테라 방정식으로 전염병 확산을 막을 수 있다고 주장했다. 로트카-볼테라 방정식은 미분 방정식의 한 종류로, 생태계에서 먹는 자와 먹히는 자의 관계를 나타내면서 자리를 잡았다.

예를 들어 활발한 어업 활동으로 한 종류의 물고기 수가 감소하면 그 물고기를 잡아먹는 포식자(예를 들어 상어)의 수도 따라서 감소한다. 둘이 서로 영향을 주고받기 때문이다. 이런 관계를 수학적으로 설명하는 게 바로 로트카-볼테라 방정식이다.

로트카-볼테라 방정식은 전염병이 집단 안에서 퍼지는 모양과 속도를 설명할 수 있다. 수학자들은 이 방정식을 기초로 독감, 홍역, 에

볼라, 폐렴과 같은 전염병이 퍼지는 현상을 분석하
기 위한 수리 모델을 세웠다.

비토 볼테라

1972년 스코틀랜드의 수학자 윌리엄 컬맥과 예
방역학자인 앤더슨 맥켄드릭은 로트카-볼테라
방정식을 활용해 SIR 모델을 만들었다. 감염 가능
성이 있는 사람들의 모임을 S, 감염된 사람들의 모임을 I, 회복된 사
람들의 모임을 R이라고 한다. 이 세 모임 사이에서 전염병이 어떻게
전파되는지를 보여 준다. 이 모델은 전염병이 유행하는 초기 환경 조
건과 전염병이 발생했을 때 확산되는 정도를 예측한다. 좀비 바이러스에 대
입해 설명한 내용이 164~165쪽에 나온다. ◉

실제로 전염병 확산에 관한 수리 모델은 구글의 '독감 트렌드(Flu
Trends)'와 같은 서비스의 기초 이론으로 쓰인다.

최근 중국에서 시작된 코로나바이러스감염증-19로 전 세계가 폐
렴의 공포에 떨어야 했다. 전염병 연구를 이어 가고 있는 연구원들은
바이러스의 전파성, 잠복기, 바이러스 전파 방식, 질병의 심각성 등을
고려해 바이러스 확산 데이터를 면밀하게 분석하고 있다.

이렇게 자연 현상을 설명하기 위해 시작된 수학 이론은 오늘날 자
연의 신비한 현상 중 하나인 인체와 질병의 수수께끼를 조금씩 풀어
내고 있다. 바이러스로부터 인류를 지키려면 이제 수학에 의지하며
우리의 생명을 지켜야 할지도 모른다.

재난과 위기 극복도
수학이 필수다!

이번 챕터도 지난 챕터에 이어 영화 내내 주인공들이 한시도 편할 날이 없는 영화 모음입니다. 지난 챕터에서는 경찰, 수사, 추리, 탐정 등의 키워드로 사건을 봤다면, 이번 챕터는 전쟁, 전투, 테러, 재난, 바이러스, 전염병, 좀비와 같이 인간의 힘만으로는 막기 어려운 여러 현상에 얽힌 수학 이야기를 다룹니다.

조선은 수학 강국이었죠. 잘 알려지진 않았지만 유명한 수학자를 배출하기도 했습니다. 그런데 이순신 장군과 수학자의 컬래버레이션이라니요. 지략가 이순신 장군의 놀라운 전술과 전략을 수학자와 함께 의논했다는 사실, 알고 있었나요? 영화 〈명량〉을 통해 이순신 장군의 용맹한 전투에서 그의 전술을 뒷받침한 수학을 살펴보세요. (▶9)

미로 중에는 출구가 있는 미로와 없는 미로가 있대요. 근데 심지어 이 미로는 매일 밤 벽이 움직이고 길이 달라진대요. 이런 복잡한 미로에 불시착한 주인공 토마스. 토마스는 매일 달라지는 미로의 출구를 찾으려고 고군분투합니다. 행동이 앞서는 급한 성격 탓에 친구들과 갈등을 겪지요. 마음을 다잡고 전략을 세워 출구 찾기 문제에 도전하지만 결과는 번번이 실패. 과연 토마스는 출구를 찾을 수 있을까요? 영화 〈메이즈 러너〉로 만나는 미로 탈출 전략, 그 비밀을 수학자 연구에서 찾아봅시다. (▶10)

사실 영화 〈메이즈 러너〉는 몇 해를 거쳐 그 시리즈가 연달아 개봉했어요. 앞 꼭지에 이어 마지막 에피소드를 담은 영화 〈메이즈 러너: 데스 큐어〉를 살펴볼게요. 제목(메이즈=maze, 미로)이 무색하게 이번 편에서는 미로가 안 나와요. 그 대신 블록버스터급 액션 장면과 바이러스에 전전긍긍하며 위기를 극복하는 주인공들을 만날 수 있답니다. 바이러스에 얽힌 수학 이야기를 들어 주세요. (▶11)

좀비하면 떠오르는 영화 〈부산행〉. 좀비의 공격에서 살아남으려면 어떻게 해야 할까요? 지피지기면 백전백승. 좀비를 제대로 알면 피해를 최소로 줄일 수 있을 거예요. 영화에 등장하는 좀비를 관찰하면서 좀비의 걸음걸이부터 좀비 바이러스가 퍼지는 속도까지 수학으로 분석해 봐요. (▶12)

지금부터 사람의 힘으로는 막을 수 없지만 수학의 힘으로는 극복할 수 있는 위기 속으로 들어가 볼까요? 준비됐으면, 출발합니다!

▶

9

이순신 장군의
임진왜란 승리 전략은
수학?!

〈명량〉

#이순신 #임진왜란 #난중일기 #12척 #학익진 #망해도술
#망해도법 #산학자 #도훈도 #직각삼각형 #삼각비 #닮음
과비례 #명량 #일자진 #날개접은학익진 #원의방정식

임진왜란에서 활약한 수학 기술

1592(임진)년 4월, 일본군이 부산진과 동래로 쳐들어와 조선을 침략했다. 전쟁 초기에 일본군은 파죽지세로 북상하며 조선의 수도인 한성을 포함해 한반도를 점령했다. 선조는 어쩔 수 없이 피난길에 오르고, 일본은 계속해서 조선을 압박해 왔다. '임진왜란'이었다.

임진왜란이 시작되고 한 달 뒤 거제도 앞바다 옥포만 부두에는 일본 군함이 정박해 있었다. 일본군은 옥포만 주변에서부터 우리 백성들을 위협하기 시작했다. 서둘러 옥포만으로 향한 이순신 장군 부대는 일본 군함을 포위해 대포와 화살, 총포를 겨누며 일본군과 싸웠다. 그리고 마침내 일본 군함 26척을 모두 물리치고 승리했다(1592년 5월 7일). 이 사건을 '옥포해전'이라고 부르는데, 이는 임진왜란 중 첫 승리를 거둔 해전이었다.

　옥포해전에서 이순신 장군은 '학익진' 전술을 사용했다. 바다 위에 배가 늘어선 대형이 학이 날개를 펼친 것과 닮아서 붙여진 이름이다. 그 대형은 부채꼴★의 일부인 호★ 모양을 닮았다.

　아래 그림여기서는 반원에 가까운 부채꼴◉처럼 일본 군함이 모인 곳을 중심으로, 조선 군함이 일본 군함을 둥글게 에워싸는 방식이다.

　이순신 장군은 정확한 두 군함 사이의 거리를 계산하기 위해 실제로 '산학자'의 도움을 받았다는 기록이 있다. 산학자는 조선 시대에 오늘날 수학자와 비슷한 역할을 한 사람들이다. 당시 해군에는 각종

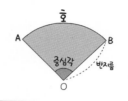

★**부채꼴**이란 원의 일부로 한 원의 두 반지름(선분 OA 와 선분 OB)과 그 사이에 있는 호로 둘러싸인 도형을 말한다. 이때 부채꼴의 중심은 원의 중심(O)과 같고, **호** 는 원의 지름 위의 한 부분으로 점 A와 점 B를 잇는 곡 선(부채꼴을 이루는 곡선)을 말한다.

행정 실무와 계산을 도맡아 하는 '도훈도'가 있었다. 도훈도는 당시 수학책이었던 《구일집》에 나오는 망해도술문을 참고해 적군의 사정 거리나 아군의 화포 발사 거리 등을 계산했다. 이 방법은 망해도술문 의 이름을 본떠 '망해도술' 또는 '망해도법'이라고 불렀다. 망해도술 은 멀리 바다에서 섬을 바라보며 도형의 닮음비 원리로 직접 잴 수 없 는 거리와 높이를 구할 때 쓰였다.

예를 들어 아래 그림에서 나무의 높이를 구할 때 나무 앞에 1.7m짜 리 막대기를 세우고 막대기 끝(A)과 나무 끝(D)을 지나는 빗변을 그 려 직각삼각형(DEC)을 완성한다. 그러면 직각삼각형 ABC와 DEC가 닮음 삼각형이 된다. 두 도형이 닮 음일 때 각각 대응하는 변의 비가 같다는 성질 $(1.5m:4.5m=1.7m:\overline{DE}, \overline{DE}=5.1m)$을 이용 하면 나무의 높이($\overline{DE}$)를 구할 수 있다. 이와 비슷한 유형의 문제가 망해 도술문에도 나오는데, 당시 신 학자들은 이처럼 직각삼각형의 닮음비를 이용해 모르는 두 점 사이의 거리를 구했다. 조선 군함과 일본 군함 사이의 거리를 계산해야 할 때, 주변에서 얻을 수 있는 정보를 모아 비례식으로 풀었다.

조선군함은 어떻게 수시로 위치를 바꾸며 총포를 쏘았을까?

옥포해전에 이어 한산도 대첩에서도 학익진 전술은 필승 전략이었다. 한산도 대첩(1592년 7월 8일)에서 이순신 장군 부대는 양쪽 날개를 활짝 펼쳐 일본 군함을 둘러싸는 커다란 원 모양의 대형을 이뤘다. 이는 앞뒤에서 학익진 전술을 쓴 모양과 닮았다고 해서 '쌍학익진' 전술이라 불렀다. 일본 군함을 원의 중심 쪽으로 몰아넣고 조선 군함으로 뒤를 막았다. 그리고 원 안에 놓인 일본 군함을 정확하게 조준하려고 대형을 이룬 원의 지름을 정확하게 계산했다. 이때 지름을 아는 것은 굉장히 중요했다. 만약 지름의 정보가 오차가 생기면 지름의 다른 한쪽 끝에 놓인 아군의 배를 공격할 위험이 있었기 때문이다.영화 〈명량〉 마지막 장면에서 한산도 대첩에서 활약한 거북선의 위엄 있는 모습을 잠깐 볼 수 있다. 😊

그로부터 5년, 나라는 오랫동안 계속된 전쟁으로 혼란 그 자체였다. 그 와중에 이순신 장군은 일본에서 장군을 모함하려고 흘린 거짓 정보 때문에 억울한 누명을 쓰고 수군통제사에서 파면된 상태였다.

하지만 일본군의 압박이 거세지자 나라는 다시 이순신을 택한다. 이순신은 '삼도수군통제사'로 재임명받아 남해의 격전지로 향한다.

영화 〈명량〉은 여기서부터 시작된다. 이순신 장군이 단 12척의 배와 전의를 잃은 병사를 이끌고 명량*해전에서 승리한 그 이야기를 볼 수 있다.

일본군은 계속해서 이순신의 일거수일투족을 감시한다. 이순신이 만만치 않은 상대라는 걸 알기 때문이다. 영화에서는 일본군 가운데 해적왕이라 불리며 바다를 평정하던 구루시마 미치후사가 무게감 있게 그려진다. 그를 견제하는 동시에 이순신에게 이미 패배의 쓴맛을 본 와키자카 야스하루가 구루시마에게 '섣불리 전투를 시작했다간 보기 좋게 패배할 것'이라고 충고하지만, 구루시마는 가소로이 여긴다.

이순신은 실시간으로 일본군의 동태를 살핀다. 일본군 가까이에 탐방꾼을 보내서 그들이 명량에 이끌고 올 배가 330척영화에서는 330척이라고 나오지만, 문서에 따라 133척이었다고 기록된 곳도 있다.☻이라는 사실을 알아낸다. 이순신에게는 전쟁을 승리로 이끈 탁월한 전술이 있었지만, 오직 12척영화에서는 12척이라고 나오지만, 실제 이순신 장군이 스스로 적은 서로 다른 기록 중

명량은 명량해전(1597)이 일어난 곳이다. 명량이라는 지명은 물살이 빠르고 소리가 요란해 바닷목이 우는 것 같다고 해 '울돌목'이라고도 불린다. 현재 위치로는 전라남도 진도군 군내면 녹진리와 해남군 문내면 학동리 사이의 좁고 긴 바다(해협)를 말한다.

에 13척이라고 기록된 곳도 있다.◉의 배로 싸워야만 한다. 배나 병사의 수는 물론 총검술 실력도 조금 모자란 조선군은 백병전★을 피하고자 했고, 반대로 일본군은 백병전에 강한 모습을 보였다.

★**백병전**은 적군에 직접 맞서 칼, 창, 총검 등으로 싸우는 전투를 말한다.

　　이순신 장군은 명량해전에서도 여러 가지 전술을 썼다. 영화에서는 백병전을 피해 배를 일렬로 세우고 멀찌감치 떨어져 화포를 쏘는 '일자진' 전술만 나온다. 실제로 이순신 장군은 전투 초반에 일자진 전술을 펼치며 일본 군함에 화포를 퍼부었다. 하지만 오직 백병전을 목표로 계속해서 가까이 다가오는 일본군을 막기에는 배와 군사가 역부족이었다.

　　일본군이 가까워지자 이순신 장군은 작전을 바꿔 학익진 전술을 펼쳤다. 이 장면은 영화에 나오지는 않고 이순신 장군이 쓴 《난중일기》에 기록돼 있다.◉ 앞서 소개한 대로 학익진 전술은 학이 날개를 편 모습처럼 적군의 군함

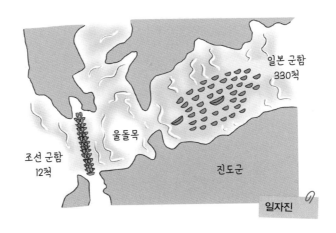

일본 군함
330척

울돌목

조선 군함
12척

진도군

일자진

136

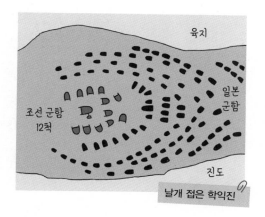

육지

일본
군함

조선 군함
12척

진도

날개 접은 학익진

을 동그랗게 에워싸는 대형을 이뤄야 한다. 허나 배 12척으로는 이 전술을 실행할 수 없었다. 이순신 장군은 학익진 전술을 살짝 변형해 날개를 접은 학의 모습을 닮은 '날개 접은 학익진' 전술을 펼쳤다.

　이순신 장군은 조선 군함을 옹기종기 가운데로 모아 대형을 만들고, 일본 군함이 이를 둘러싸도록 했다. 그런 다음 중심에 모인 조선 군함도 원 모양을 유지했다. 그리고 나서 이순신 장군은 수시로 우리 군함의 방향과 위치를 바꿔 일본군을 혼란스럽게 했다. 사실 화포라는 것은 사정거리가 일정해야만 정확한 위치에 쏠 수 있어서, 군함의 위치를 계속 바꾸며 화포를 쏘는 건 정말 어려운 일이었다. 하지만 조선군은 이순신 장군의 뛰어난 전술 덕분에 위치를 수시로 바꾸면서 화포를 쏠 수 있었다. 어떻게 이런 일이 가능했을까?

　두 군함의 움직임을 원의 방정식으로 설명하면 이해할 수 있다.

　한 평면 위의 한 점 $C(a,b)$에서 일정한 거리에 있는 점의 집합을 원

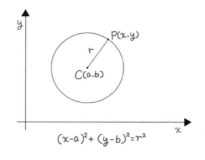

$(x-a)^2 + (y-b)^2 = r^2$

이라 한다. 이때 기준이 된 한 점을 원의 중심(C), 일정한 거리를 원의 반지름(r)이라 한다. 이때 원의 방정식은 원의 중심과 반지름의 길이를 한눈에 알기 쉽게 표현하는 식(예를 들어 $(x-a)^2 + (y-b)^2 = r^2$일 때, 원의 중심은 (a, b)이고, 반지름은 r이다.)을 말한다. 이렇게 세운 원의 방정식은 중심의 위치가 바뀌어도(평행이동, 대칭이동을 해도) 반지름이 변하지 않는 성질이 있다.

조선 군함의 위치를 원의 중심이라고 하고 일본 군함까지의 거리를 반지름이라고 하면, 조선 군함의 위치(원의 중심)가 계속 달라지더라도 일본 군함까지의 거리(반지름)는 변하지 않았다. 덕분에 혼란한 틈속에서도 잦은 위치 변화에 상관없이 일본 군함을 화포로 잘 맞출 수 있었다.

타 버린 거북선, 명량해전에선 무엇으로 싸웠을까?

영화 속 명장면 중 하나는 아군 배설의 배신으로 불타는 거북선을 바라보며(특히 용머리가 떨어지는 순간), 이순신 장군이 오열하는 장면이다. 과연 이 사건은 정말 일어난 일일까? 실제로는 명량해전을 앞

둔 시점에 거북선은 이미 이전 전투로 모두 침몰하고 없었다. 영화에서는 당시 이순신 장군에게 남은 12척 중 하나가 거북선이었던 것으로 각색돼 이 장면이 연출된 것이다.

이순신 장군의 주력 군함을 거북선으로 알고 있는 사람들이 많지만, 당시 조선군의 주력 군함은 판옥선이었다. 거북선도 기본 판옥선의 일부를 개조해 만든 것이었다. 명량해전에서도 주력 군함이던 판옥선은 1555년에 개발돼 판옥선은 이순신 장군이 처음부터 발명한 군함은 아니다.☺ 임진왜란에서 거북선과 같이 가장 큰 공을 세운 대형 군함이다. 백병전에 강한 일본군이 배에 쉽게 올라탈 수 없도록 배의 외벽을 높이 세운 게 특징이다.

일본군은 우리 군함까지 가까이 다가와 공격하는 일이 많았는데, 이때 배끼리 부딪치는 일도 잦았다. 이순신 장군은 종종 해상전에서

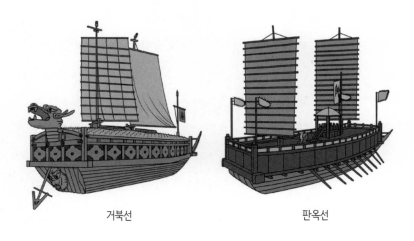

거북선   판옥선

마지막 전술로 '충파(배끼리 부딪쳐 공격하는 전술)'를 썼다. 그런데 판옥선은 강도가 센 소나무로 만들어져 이런 전술을 쓰는 데 훨씬 유리했다. 빠르고 가벼운 배를 선호하는 일본군은 소나무보다 강도가 약 1.5배 약한 삼나무를 주재료로 삼았기 때문이다.

이렇게 튼튼한 우리 배는 화포를 쏘기에도 유리했다. 당시 조선군은 원거리 공격이 가능한 화포 기술과 전술에 능해서, 배에서 화포를 쏠 수 있어야 전투에서 승리할 확률이 높았다.

이렇게 세밀하게 전투를 준비한 이순신은 백전백승이었다. 이순신을 꼭 꺾고 싶었던 해적왕 구루시마도 이순신 장군의 손에 처참하게 생을 마감하고 만다. 실제로는 조선군의 화살에 맞아 죽었다.

이순신이 명량해전에서 승리할 수 있었던 가장 큰 이유 중 하나는 울돌목 지형을 십분 활용한 데 있다. 명량은 물살이 거세고 조류의 흐름이 예측하기 어려워 일본 군함은 균형을 잡기 힘들어했다. 게다가 전투가 시작되고 얼마 안 돼, 조류의 흐름이 일본군에게 불리한 방향으로 바뀌었다. 그래서 일본 군함은 배의 방향을 바꾸는 것도 어려웠다. 이때 거센 물살이 크고 작은 암초에 닿으면서 회오리(소용돌이)가 생겼는데, 이순신 장군은 이때를 놓치지 않고 화포를 퍼붓고 충파 전술을 써 총력을 다했다. 얼마 지나지 않아 일본 군함 30여 척이 한꺼번에 물속으로 가라앉고 병사들이 2000여 명 가까이 목숨을 잃자 결국 일본군은 항복한다. 영화에서도 생생하게 이 장면을 확인할 수 있다.

10

출구 없는 미로에서 변수를 이용해 탈출하다

〈메이즈 러너〉

#움직이는미로 #출구없는미로 #조르당곡선 #닫힌곡선 #
조르당곡선정리 #미로탈출전략 #그래프이론 #한손법칙 #
노버트위너

살아 움직이는 미로, 글레이드

여기는 글레이드. 영화 〈메이즈 러너〉* 속 공간이다. 3년 전 처음 만들어진 이곳은 한 달에 한 번씩 식량과 생필품을 담은 '위키드(W.C. K.D)'라는 낙인이 찍힌 드럼통 그리고 기억이 지워진 '신입 멤버'가 도착한다. 이번 달에 도착한 신입 멤버는 토마스, 그가 이 영화의 주인공이다.

∙∙∙

영화 〈메이즈 러너〉는 미국의 소설가 제임스 대시너가 쓴 SF소설 《메이즈 러너》 시리즈 중 첫 번째 이야기를 담았다. 소설 시리즈는 《메이즈 러너》, 《메이즈 러너: 스코치 트라이얼》, 《메이즈 러너: 데스 큐어》로 이어지며, 세 편 모두 영화로 제작됐다.

소년 수십 명에게 둘러싸여 정신을 차린 토마스. 토마스는 눈을 뜨자마자 그들을 피해 전속력으로 달아난다. 하지만 곧 사방이 가로막힌 거대한 벽을 만나고, 이내 이곳은 바깥세상과 단절된 글레이드라는 걸 알아차린다. 글레이드에는 나름의 작은 사회가 존재한다. 여기서는 이곳에 사는 소년들이 정한 법칙과 규율이 곧 법이다. 그들 앞에는 매일 밤 살아 움직이는 거대 미로가 놓여 있고, 미로에서 출구를 찾아야만 바깥세상으로 나갈 수 있다. 하지만 아직까지 살아서 나간 사람은 단 한 명도 없다.

낯선 환경에서 정확한 상황 판단이 어려운 그때, 글레이드의 리더인 알비가 토마스를 찾아온다. 그는 토마스와 함께 글레이드 안을 둘러보며 글레이드에서 반드시 지켜야 할 규칙 세 가지를 강조한다. 세 가지 규칙은 다음과 같다.

① 맡은 임무를 다할 것. ② 다른 친구를 다치게 하지 말 것. ③ 절대로 미로에 들어가지 말 것(러너만 미로에 들어갈 수 있다.).

알비는 특히 미로를 조심하라고 신신당부를 했다. 한동안은 맡은 임무(숲에서 삶의 공간으로 비료를 나르는 일)에만 집중하라고 충고한다. 하지만 보지 말라면 더 보고 싶고, 하지 말라면 더 하고 싶은 법. 그날 밤 토마스는 소년들에게 귀동냥으로 1) 미로는 매일 밤 길이 달라져 출구를 찾기가 매우 어렵고 2) 살아 움직이며 3) 러너는 정해진 시간

마다 미로 속을 달려 내부 지도를 그리는 임무를 수행해야 하고 4) 미로 곳곳에는 식인 괴수 그리버가 여럿 살고 있으며 5) 정해진 시간 안에 다시 밖으로 빠져나와야 살 수 있다는 정보를 얻는다. 이야기를 듣고 난 토마스는 미로를 갈망하는 마음이 더 커지고, 자연스레 러너를 꿈꾸기 시작한다.

"반드시 러너가 돼야 해! 분명 미로의 끝에는 출구가 있을 거야!"

하지만 소년들이 호락호락하게 신입 멤버를 러너로 뽑아줄 리 없다. 그럼에도 토마스는 미로에 들어갈 기회를 계속 엿본다. 이런 이유로 토마스는 계속해서 다른 소년들과 크고 작은 마찰을 일으킨다. 그러던 중 벤(멤버 중 한 사람)이 미로 속 식인 괴수 그리버에게 찔려 치명적인 바이러스에 감염바이러스와 관련된 내용은 다음 꼭지(▶11)에서 자세하게 다룬다.●되고, 벤이 곧 감옥을 거쳐 미로로 추방미로엔 괴수가 살고 있으니 사실상 괴수밥 당하는 모습을 본 토마스는 충격에 빠진다.

그리고 다음 날 알비와 민호는 벤에게 일어난 일(바이러스에 감염된 일)의 원인을 파악하려고 미로 속으로 들어간다. 미로 밖에서 기다리던 토마스와 다른 소년들은 해가 저물도록 미로 밖으로 나오지 않는 알비와 민호를 걱정한다. 참다못한 토마스는 결국 규칙을 어기고 미로 안으로 뛰어든다. 예측할 수 없는 토마스의 행동으로 잔잔한 호수 같았던 글레이드에 분란이 일어나기 시작한다.

이 미로에는 출구가 없다?!

미로 안에 들어서니 30m 높이의 벽을 넝쿨 식물이 빼곡하게 뒤덮어 있었고 스산한 기운이 엄습했다. 위압감을 넘어 생명의 위협을 느끼는 공포가 코끝까지 차올랐다. 겁을 잔뜩 먹은 토마스는 얼마 되지 않아 그리버에게 공격당해 기절한 알비와 그 곁에서 혼자 어쩔 줄 몰라 하는 민호를 발견한다.

벌어진 상황에 당황하던 찰나, 토마스는 이내 그리버에게 쫓기게 된다. 미로가 벽을 움직이며 새로운 길을 만드는 순간 토마스는 그리버를 그곳으로 유인해 벽과 벽 사이에 가둬 죽인다. 이는 최초로 사람이 그리버를 죽인 것으로, 계속 쫓기던 주인공들이 처음으로 분위기

가 바뀌게 되는 장면이다. 죽을 고비를 여러 번 넘기고 마침내 토마스는 민호를 도와 무사히 알비까지 데리고 미로를 빠져나온다. 하지만 규칙을 어기고 미로에 뛰어든 대가로 '감옥에서 금식하면서 하루 보내기' 벌을 받는다.

며칠 뒤 토마스는 다시 미로에 들어간다. 그리고 지난번에 죽인 그리버 시체에서 미로의 출구를 찾는 핵심 단서(숫자 7이 적힌 단말기)를 발견한다. 전화위복이라고 했던가. 토마스는 중요한 단서를 찾은 공로를 인정받아 '러너'가 된다.

토마스가 정식으로 러너가 되자, 민호는 그동안 자신이 그린 미로 지도를 보여 준다. 놀랍게도 미로 지도는 이미 완성된 상태였다. 그동안 소년들이 미로의 출구를 찾으려고 고군분투한다고 생각한 토마스는 충격에 빠진다. 뒤이어 민호는 토마스에게 '이 미로에는 출구가 없다'는 사실과 매일 밤 달라지는 미로의 유형을 설명한다. 미로는 8개의 유형으로 일정한 순서에 따라 매번 경로가 달라지고 있었다.

카미유 조르당

여기서 잠깐. 영화 속 미로처럼 출구 없는 미로를 설계할 수 있을까?

이미 이 질문에 답을 찾은 수학자가 있다. 프랑스의 수학자 카미유 조르당은 어느 날 원을 그리다 중요한 사실을 발견했다. 원을 놓고 그 안쪽만 색칠하면 원을 안과 밖으로 구분할 수 있다는 사실이었다.

얼핏 생각하면 너무 당연한 이야기지만 조르당은 이 내용을 확장해
도형의 특별한 성질을 떠올렸다. 그는 이 성질을 '조
르당 곡선★ 정리'라고 부르고, '어떤 도형을 그릴
때 원처럼 그리기 시작하는 시작점과 끝점을 만나
게 하면 이 도형은 언제나 안과 밖을 나눌 수 있다'
는 내용을 정리했다.

★조르당 곡선이란, 시작점과 끝점이 같은 곡선 그 자체를 말하고, 이는 '닫힌 곡선'이라고도 부른다.

조르당 곡선 정리 ① 닫힌 곡선에서 안과 밖을 연결하는 선은 닫힌 곡선
과 반드시 홀수 번 만난다.

조르당 곡선 정리 ② 닫힌 곡선에서 안과 안, 밖과 밖을 연결하는 선은
닫힌 곡선과 반드시 짝수 번 만난다.

만약 미로가 오른쪽 그림처럼 설계돼
있다고 해보자. 조르당 곡선 정리를 적
용해서 성질을 확인하면 이 미로에 출구
를 알 수 있다.

이 미로는 도형을 그리기 시작하는 시
작점과 끝점이 한 점에서 만나는 도형(붉
은색)으로 만들어졌다. 이 미로의 출발점

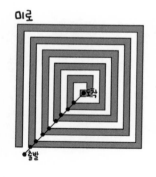

미로

은 도형의 가장 밖, 도착점은 도형의 가장 안쪽이라고 할 때, 두 점을
직선으로 이어 보자. 점이 직선과 몇 번 만나는지만 세어도 이 미로가

출구가 있는 미로인지 출구가 없는 미로인지 알 수 있다.

여기서는 출발점과 도착점을 이은 직선이 9번(홀수 번) 미로와 만나므로 이 미로의 출발점과 도착점은 하나는 도형 안에, 하나는 도형 밖에 놓여 있다고 볼 수 있다. 만약 출발점이 도형의 '밖(흰색)'에 있다면, 도착점은 도형의 '안(붉은색)'에 있다는 이야기다.

미로에서는 출발점과 도착점은 안과 안(모두 붉은색) 또는 밖과 밖(모두 흰색)에 놓여 있어야 출발점으로 시작해 도착점으로 갈 수 있다. 그런데 앞쪽의 그림처럼 설계된 미로에서는 출발점에서 시작해 아무리 길을 따라가도 영원히 도착점에 도착할 수 없다. 출발점은 도형의 밖에, 도착점은 도형의 안에 있어서 벽을 뚫기 전까지 도착점으로 갈 수 없기 때문이다. 영화 속 미로도 이런 구조로 설계돼 애초에 영원히 탈출할 수 없는, 출구 없는 미로가 아니었을까.

'움직이는 미로'라는 변수가 남아 있다!

영화 속 미로는 애초에 '출구 없는 미로'로 설계되었지만 변수가 있다. 매일 밤 그 길이 움직여 달라지기 때문에 어느 날에는 탈출이 가능한 미로가 될지도 모른다는 얘기다. 그렇다면 미로 탈출 전략은 어떻게 세울 수 있을까? 이 역시 수학자의 연구에서 답을 찾을 수 있다.

미국의 수학자 노버트 위너는 그래프 이론★을 활용해 '미로에서 한쪽 손을 벽에 붙이고 끝까지 걸으면 출구를 찾을 수 있다'는 것을 증명했다. 증명했다는 이야기는 조건이 맞는 미로라면 직접 출구까지 가보지 않아도 이 방법으로 100% 출구를 찾을 수 있다는 이야기다. 이는 지금까지 가장 잘 알려진 미로 탈출 전략 중 하나다.

물론 미로 벽이 하나로 연결돼 있지 않은 구조(📶 또는 🔲 모양)이거나 영화 속 미로처럼 때때로 움직이는 미로라면 이 방법이 통하지 않을 수도 있다. 하지만 우리가 쉽게 떠올리는 갈림길에서 출구를 찾아 나서는 보통의 미로에서는, 오른손과 왼손 중 한 손을 선택해 벽에 대고 같은 방향으로 끝까지 걷다 보면 출구를 찾을 수 있다는 이야기다. 이때 탈출 시간은 오직 미로의 규모에 비례한다.

수학자 위너는 가장 먼저 미로를 점과 선으로 나타냈다. 다음 그림(150쪽)처럼 미로에서 갈림길은 점, 그 점과 점을 잇는 보통의 길은 선으로 표현했다. 그런 다음 컴퓨터가 이 정보를 받아들일 수 있도록 0과 1로만 된 디지털 정보로 변환했다. 이 데이터를 토대로 출발점에서 도착점까지 경로를 찾는 알고리즘을 개발했다. 그런 다음에 갈림길에

★**그래프 이론**이란 스위스의 수학자 레온하르트 오일러가 개척한 수학의 한 분야다. 여기서 말하는 그래프는 흔히 우리가 떠올리는 x축, y축 위에 그려지는 함수 그래프가 아닌, 유한한 개수의 점과 점 사이를 관계에 따라 선으로 잇는 형태의 관계도를 말한다. 실제로 이 이론은 내비게이션의 최단 경로 찾기 등에 활용되며, 지하철 노선도와 같은 관계망을 나타내고 해석할 때 쓰인다.

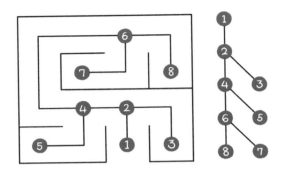

이 미로의 출발점을 ①번의 오른쪽 길, 도착점을 ①번의 왼쪽 길이라고 하자. 미로에 진입해 왼쪽 손을 벽에 대고 걸으면, ①→②→③→②→④→⑥ →⑦→⑥→⑧→⑥→④→⑤→④→②→①의 경로로 출구를 찾아 나올 수 있다.

서 정해진 한 방향으로만 진행할 때 출구를 찾을 수 있는지 확인하고, 이 결과를 활용해 '미로에서 한쪽 손을 벽에 붙이고 끝까지 걸으면 출구를 찾을 수 있다'는 걸 증명했다.

한편, 영화에서 토마스와 친구들은 그리버 시체에서 숫자 7이 적힌 단말기(열쇠) 하나를 발견한다. 이 단말기를 중요한 단서로 삼고 계속해서 출구를 찾아 헤맨 결과, 그동안 민호가 분석한 미로의 패턴을 토대로 비밀번호 ㄲ1526483☺를 완성한다. 이 비밀번호를 미로 설계를 제어하는 장치에 입력했더니 마침내 출구EXIT라고 써 있었다.☺가 나타났다. 마침내 그들은 글레이드를 탈출하고 미로와 이어진 기다란 복도를 만난다. 그 복도 끝에서 이 엄청난 미로 게임의 설계자를 만나고, 이 게임은 정체불명의 바이러스 백신을 만들기 위한 하나의 테스트였다는 사실을 알게 된다. 두 번째, 세 번째 테스트는 그 다음 영화로 이어진다.

등장인물 이름에 얽힌 이야기

영화의 원작 소설가 제임스 대시너는 등장인물 이름을 대부분 유명한 위인들의 이름에서 가져왔다. 마더 테레사나 윈스턴 처칠과 같은 위대한 지도자의 이름도 등장하는데, 그중 과학자가 가장 많다. 주인공 토마스는 전구를 발명한 토마스 에디슨, 글레이드의 리더 알비는 알베르트 아인슈타인, 글레이드에서 처음 추방당한 벤은 벤자민 프랭클린에서 유래했다. 이 본문에서 언급하진 않았지만, 토마스를 견제하고 시비를 걸던 갤은 갈릴레오 갈릴레이, 알비 다음으로 리더를 맡았던 뉴트는 아이작 뉴턴, 글레이드의 막내 척은 찰스(척) 다윈이다. 한국계 아시아인으로 등장하는 민호에게 특별한 유래는 없었다.😊

11

바이러스 백신을
만들려면 수리생물학이
필요해!

〈메이즈 러너: 데스 큐어〉

#바이러스 #왓슨과크릭 #DNA이중나선구조 #전염병 #수
리생물학

이번이 마지막 테스트다

영화 〈메이즈 러너: 데스 큐어〉는 〈메이즈 러너〉 시리즈의 세 번째 작품으로, '위키드(W.C.K.D)'의 위험한 계획에 맞서는 민호와 토마스, 글레이드 출신 멤버들의 마지막 이야기를 담았다. 위키드는 〈메이즈 러너〉 첫 번째 이야기에도 배후 세력으로 등장하는 조직이다. 완벽한 플레어 바이러스* 백신을 만들어 인류의 운명을 손에 쥐는 게 그들의 목표다.

위키드는 그동안 플레어 바이러스를 집중적으로 연구해 온 연구 집단이다. 그러던 중 일정한 시간이 흐르자 플레어 바이러스에 면역이 있는 아이들이 태어나기 시작했다는 걸 알게 된다. 위키드에서는 면역이 있는 아이들의 혈액에서 혈청을 추출해 플레어 바이러스 백신을

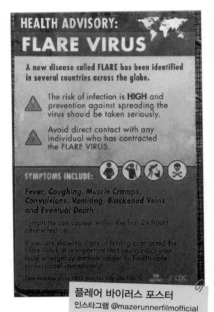

HEALTH ADVISORY: FLARE VIRUS

A new disease called FLARE has been identified in several countries across the globe.

⚠ The risk of infection is **HIGH** and prevention against spreading the virus should be taken seriously.

⚠ Avoid direct contact with any individual who has contracted the FLARE VIRUS.

SYMPTOMS INCLUDE:

Fever, Coughing, Muscle Cramps, Convulsions, Vomiting, Blackened Veins and Eventual Death

Symptoms can appear within the first 24 hours after infection.

If you are showing signs of having contracted the Flare Virus, it is important that you contact your local emergency medical center or health care professional immediately.

플레어 바이러스 포스터
인스타그램 @mazerunnerfilmofficial

건강 주의보: 플레어 바이러스

새로운 질병인 '플레이 바이러스'가 전 세계 곳곳에서 발견됐습니다.

⚠ 이 바이러스는 감염되기 쉽습니다. 바이러스 확산을 주의하세요.
⚠ 플레어 바이러스에 감염된 사람과는 접촉을 피하세요.

플레어 바이러스에 걸리면 다음과 같은 증상이 나타납니다.

열, 기침, 근육경련, 발작, 구토, 검게 변하는 정맥, 그리고 사망

⚠ 증상은 최초 바이러스 감염 이후 24시간 이내에 나타날 수 있습니다.
⚠ 만약 플레어 바이러스 감염이 의심되면 즉시 지역 응급의료센터나 의료전문가에게 찾아가세요.

플레어 바이러스의 조기 발견은 생명을 살리는 데 도움이 됩니다.
위키드(W.C.K.D)

플레어 바이러스란 소설 《메이즈 러너》 시리즈에 등장하는 가상의 바이러스다. 사람에게 치명적인 전염병 바이러스다. 생물체 내부에서만 복제가 가능한 세균보다도 크기가 작은 감염성 병원균이다.

주요 증상으로는 열, 기침, 근육경련, 발작, 두통을 동반하고 특히 뇌에 이상 반응을 일으켜 바이러스에 감염되면 정상적인 사고가 불가능하고 공격성을 보인다(영화에서 확인). 소설과 영화 〈메이즈 러너〉 시리즈는 이 바이러스에 얽힌 대장정을 다뤘는데 특히 세 번째 이야기인 〈메이즈 러너: 데스 큐어〉에서 집중적으로 바이러스 감염과 면역, 치료제 관련 이야기가 등장한다.

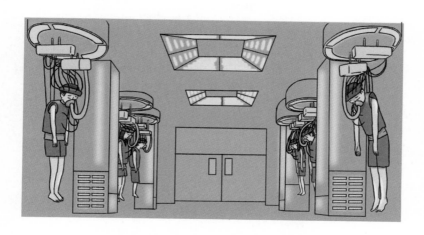

미로에서 차출된 멤버는 연구소에 갇혀 또다시 실험 대상이 된다.

개발할 계획을 세운다.

그 첫 번째 실험은 플레어 바이러스에 면역이 있는 아이들(글레이드에 모아 둔 멤버들)을 모아 미로에 가두고 그들의 행동을 관찰하면서 극단적인 환경에서 위기를 만날 때 뇌가 순간 어떻게 반응하는지 데이터를 기록하는 것이었다(여기까지가 〈메이즈 러너〉 첫 번째 이야기). 그러다 토마스 일행이 기지를 발휘해 미로를 무사히 빠져나오고, 위키드는 다시 그들에게 다른 조직인 것처럼 위장해 '위키드로부터 구해 주겠다'며 접근한다. 그러더니 다시 미로 속에 가두고 위험한 순간에 나타나 그들을 구하는 척하면서 멤버 중 몇몇을 차출해 연구소로 보내는 일을 반복한다.

뒤늦게 이 사실을 안 토마스 일행은 가까스로 미로에서 탈출하고,

새로운 조직을 만나 새로운 곳에 정착하려던 때 트리샤(멤버 중 홍일점으로 등장하던 의문의 여인)의 배신으로 위키드에게 위치를 들켜 계획에 차질이 생긴다. 이때 다른 멤버들은 위키드를 피해 도망가지만, 민호는 전기총을 맞고 쓰러져 위키드 본부로 잡혀간다(여기까지 〈메이즈 러너: 스코치 트라이얼〉 두 번째 이야기).

세 번째 이야기인 영화 〈메이즈 러너: 데스 큐어〉는 토마스와 그 친구들이 민호를 구하려고 위키드 본부가 있는 '최후의 도시'를 찾아 떠나는 이야기부터 시작한다.

백신을 완성하려면 수리생물학도 필요해

영화에서는 위키드 조직원이 민호에게서 혈액을 채취해 백신을 연구하는 장면이 나온다. 바이러스를 알아야 백신도 만들 수 있으니, 먼저 바이러스에 대해 알아보자.

바이러스와 세균(박테리아)은 무엇이 다를까?

매우 헷갈리기 쉬운 둘이지만, 둘은 사실 그 크기부터 다르다. 바이러스는 세균보다 훨씬 작다. 바이러스는 평균적으로 그 크기가 세균의 50분의 1 수준이다. 얼마나 작은지 일반 현미경으로도 관찰이 어렵다. 바이러스 크기는 나노미터(nm) 단위로 표현하는데 1나노미터(nm)는 1미터(m)를 10억 개로 나눈 것 중 하나와 같다.

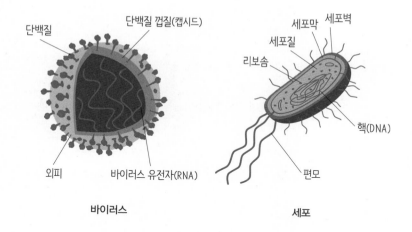

단백질

단백질 껍질(캡시드)

세포막 세포벽

세포질

리보솜

외피

바이러스 유전자(RNA)

핵(DNA)

편모

바이러스

세포

또 가장 헷갈리기 쉬운 부분이 바로 치료제다. 이는 우리가 평소에도 자주 헷갈리는 부분이다. 독감과 감기가 가장 대표적이다.

'독감'은 '독한 감기'의 줄임말이 아니다. 만약 독감 진단을 받았는데 감기약을 먹고 나아지길 기대한다면 이건 모기 물린데 무좀약을 바르는 격이다. 우리가 흔히 감기약이라고 부르는 약은 감기 증상이 일으킨 원인균을 치료하는 약이 아니라 감기를 이겨 낼 수 있도록 몸의 회복을 돕는 것들이다. 열이 나면 해열제, 몸살 기운이 있다면 진통제 등 원인균이 어딘가에 일으켰을 염증을 치료하기 위해 항생제를 먹는 것이기 때문이다. 독감은 증상이 심할 경우 타미플루와 같은 항바이러스제를 먹으며 증상 완화를 기대할 수 있다. 만약 증상이 심하지 않다면 충분히 쉬고, 필요에 따라 해열제나 진통제를 먹는 것이 도움이 된다.

세균	(공통점)	바이러스
0.5μm(마이크로미터)~0.5mm(밀리미터)로 바이러스보다 크다.	질병을 유발할 수 있는 미생물이다.	세균의 50~100분의 1 크기
세포 구조, DNA, RNA, 리보솜이 존재한다. 단단한 세포벽으로 이뤄져 있다.	유전물질이 있다.	유전물질(DNA 또는 RNA)과 단백질로 이뤄져 있다. 비세포 구조로 핵은 없다. 기타 세포 소기관이 없다.
숙주 없이도 스스로 증식할 수 있다.		숙주 없이는 증식할 수 없다.
치료제 : 항생제로 치료한다.		치료제 : 항바이러스제로 치료한다.
항생제 개발이 비교적 쉽다.		돌연변이 속도가 빨라서, 항바이러스제 개발이 어렵다.

따라서 어떤 '바이러스'에 감염됐다면 이 바이러스를 치료할 '항바이러스제'인 백신이 있어야만 목숨을 구할 수 있다. 다시 영화로 돌아가 보자.

한편 토마스와 친구들이 계속해서 민호를 찾는 사이, 바이러스는 무서운 속도로 퍼져 나갔다. 그 시각 민호는 위키드 본부에 갇혀 실험 대상이 돼 있었다. 위키드 연구원들은 일부러 민호를 극강의 공포 속에 몰아넣고, 항체★의 저항력이 높아지는지를 관찰했다.

민호는 글레이드에서 머문 3년간 러너의 대표로, 8개 유형의 지도를 달달 외울 정도로 미로를 잘 알고 있었다. 하지만 그 8개의 미로 지도를 완성하기 위해 매일 밤 그리버에게 쫓

★항체란 바이러스나 세균 등이 체내에서 활동하지 못하도록 신체에 침입한 미생물에 대항해 세포 외부 자극을 유도하는 당단백질을 말한다.

기며 목숨을 걸었기에 미로 안에서는 공포감이 최고조에 달했다. 위키드 연구원들은 이 사실을 이용해 가상현실 영상으로 미로와 그 속에 살던 그리버를 보여 주며 민호의 스트레스를 최대로 끌어올리는 실험을 했다. 민호가 극강의 공포에 휩싸여 있는 순간, 뇌에서 생기는 항체가 저항력이 높아 백신을 만들기에 알맞다고 판단해서다.

영화 속에서 그려지는 백신 개발 연구나 전염병 연구, 유전 관련 질병 연구 등 생명과 관련 분야에서 수학은 큰 역할을 한다. 이렇게 생명과 관련된 연구에 수학을 도입해 결과를 이끌어 내는 학문을 '수리생물학'이라고 한다.

수리생물학 관련 연구는 주로 방정식을 이용해 시뮬레이션을 설계하고, 직접 눈으로 확인할 수 없는 약의 효능이나 실험 결과를 데이터로 정리하는 방식으로 진행한다. 시뮬레이션이란 실제가 아닌 가상의 공간 또는 환경에서 달라지는 변수에 따라 앞으로 일어날 일을 미리 실행해 볼 수 있는 컴퓨터 프로그램을 말한다. 예를 들어 길을 찾아 주는 내비게이션도 목적지까지 지나는 길을 미리 주행해 볼 수 있는데, 이 또한 시뮬레이션의 대표적인 예다.

이런 시뮬레이션을 설계할 때는 실제 연구 데이터를 기반으로 변수를 설정하고, 이것으로 다양한 방정식(미분 방정식, 확률 방정식, 통계 방정식 등)을 완성한다. 이때 세운 방정식은 수학 문제에 등장하는 방정식과 조금 다르다. 수학 문제에서는 방정식을 만족하는 알맞은 해를 구하는 게 목적이지만, 이렇게 연구에 활용하는 방정식은 해에 가장 가까운 값을 찾는 과정정확한 해를 구하는 방법을 아무도 모른다.◉에 집중한다. 정확한 해를 몰라도 방정식에 대입해 보는 변수에 따라, 달라지는 결과값이 훨씬 더 연구 자료로 의미 있어서 연구가 가능하다. 새로 개발한 백신의 효능을 일일이 사람에게 투약해 볼 수 없으므로 새 백신 개발 과정에는 이러한 수학의 역할이 꼭 필요하다.

이 과정에서 다양한 분야의 전문가와 협업하게 된다. 많은 연구자들이 활용할 수 있는 시뮬레이션 프로그램을 개발하려면 컴퓨터 공학자와 소통이 꼭 필요하다. 또 시뮬레이션을 통해 얻은 그림이나 영상 자료를 분석할 그래픽 전문가도 있어야 한다. 방대한 자료 중에서 수학자 또는 생물학자 연구에 꼭 필요한 자료를 알맞게 정리해 줄 데이터 사이언스도 함께한다. 의료 지식이나 환자 상태를 객관적으로 분석할 의사도 있어야 한다. 이처럼 수리생물학 분야는 앞으로 더 기대되는 분야다. 더욱이 인공지능이나 5G 기술이 더해져 우리 삶에 새로운 의료 환경을 선물해 줄지도 모른다.

한편, 영화는 수많은 위기를 지나 끝을 향해 간다. 어렵게 민호와 만난 토마스 일행은 먼저 헤어진 글레이드 멤버들의 삶과 죽음을 순간순간 마주한다. 그러던 중 주인공 토마스의 혈액에 바이러스를 치료하는 강력한 성분이 있다는 걸 알게 되고 토마스는 무사히 위키드 조직에서 탈출한다. 토마스는 자신의 특별한 면역력을 확인하고, 새로운 조직에 삶의 둥지를 틀며 달라질 미래를 기대하는 비장한 모습으로 영화는 끝이 난다.

좀비 바이러스가
퍼지는 경로를
계산하다

〈부산행〉

#좀비 #전염병 #확산방정식 #SIR모델 #로트카-볼테라방
정식 #부산행 #좀비방정식 #좀비걸음걸이 #랜덤워크

이번엔 좀비다, 좀비로부터 가장 멀리 도망쳐야 산다

 지금까지 여러 꼭지▶8, ▶11◉에 걸쳐 바이러스가 등장하는 영화를 만났다. 바이러스가 등장하는 영화는 대부분 현실적인 공포감을 그려낸다. 혹 바이러스의 특징을 조금이라도 알고 있다면 영화 속 이야기가 언젠가 실제로 일어날 수 있는 일처럼 느껴져 더 무섭다. 바이러스는 구조가 간단한 만큼 확산 속도가 빠르고, 널리 퍼질수록 그 구조가 조금씩 달라져 어떤 돌연변이 바이러스가 나타날지 모르기 때문이다.

 영화 〈부산행〉은 정체불명의 좀비 바이러스가 대한민국 전역에 퍼져 '긴급재난경보령'이 선포된 때를 그린다. 유일하게 좀비 바이러스가 전염되지 않은 도시 부산으로 향하는 열차에 탄 사람들의 목숨을 건 사투를 다룬 대한민국 최초 좀비 블록버스터(?)다.

좀비는 오래된 전설 속에 등장하는 살아 있는 시체, 그러니까 살아서 움직이긴 하지만 거의 죽은 것과 다름없는 존재를 말한다. 영화 속 좀비는 정체불명의 바이러스에 감염되면서 그 증상이 나타나는데, 이 바이러스에 감염되면 몸이 뒤틀리고 눈앞에 보이는 사람은 닥치는 대로 물어뜯는 공격성을 보인다. 이때 좀비한테 물리면, 물린 사람 역시 바로 바이러스에 감염되면서 좀비가 된다. 영화에서 감염되는 장면도 생생하게 묘사됐는데 좀비에게 물리고 나면 갑자기 혈관이 굵어지면서 피부 밖으로 튀어나온다. 바이러스의 치명적인 독소가 혈관을 타고 빠르게 퍼지는 모습도 보인다.

좀비가 되면 뵈는 게 없다. 물론 정상적인 사고가 불가능하므로 당연히 안하무인이겠지만, 진짜로 각막이 뿌옇게 변하고 시력이 낮아진

다. 영화에서는 열차 안에서 코앞에 있는 사람도 알아보지 못하는 장면이나 신문지로 창문을 가리거나 어두운 터널을 통과할 때 좀비가 공격을 잠시 멈추는 장면에서 좀비의 시력이 매우 낮다는 사실을 확인할 수 있다.

게다가 힘은 어찌나 센지, 문이나 창문으로 막으며 도망쳐도 소용없다. 영화에서 사람들이 좀비를 피해 열차와 열차 사이 대피 공간으로 몸을 숨기지만 좀비 여럿이 달려들어 쉽게 문을 부순다. 이렇게 좀비를 만났을 때 바이러스에 감염되지 않으려면 최대한 멀리 도망치는 게 최선이다.

그런데 실제로 이런 좀비 바이러스가 얼마나 빨리 퍼질지 연구하는 연구자가 있다. 많다.◉ 2017년 1월, 영국 레스터대학교 물리천문학과 머빈 로이 교수는 좀비에게 물려 좀비 바이러스에 감염된 경우, 이 바이러스가 얼마나 빠르게 전염될지를 계산했다. 로이 교수팀은 좀비 바이러스에 감염된 사람 중 90%의 확률로 좀비가 되고, 이렇게 감염된 좀비 1명은 하루에 한 사람씩 물어 또 다른 좀비를 만든다고 가정했다. 이때 전염병이 퍼지는 속도를 계산하는 대표 식 'SIR 모델앞(125쪽)에서 한 번 다뤘다.◉'을 활용했다.

스코틀랜드의 수학자 윌리엄 컬맥과 예방역학자인 앤더슨 맥켄드릭이 로트카—볼테라 방정식을 활용해 만든 SIR 모델을 이용하면 좀비 바이러스의 확산 속도를 계산할 수 있다. 다음처럼 변수를 설정해야 한다.

감염 가능성이 있지만 아직까진 정상인 사람의 모임을 S, 감염된 사람의 모임을 I, 좀비 수를 Z, 바이러스에 감염돼 사망한 사람의 모임을 R이라 할 때, 네 모임 사이에서 좀비 바이러스가 어떻게 퍼져 나가는지 예측하는 것이다.

이때 좀비는 살아 있는 시체(즉, 죽었다가 다시 살아난 생명체)이므로 R 모임에 있던 사람이 Z 모임으로 이동할 수 있다는 걸 고려해야 한다. 사망자는 정상인이었다가 좀비에게 감염돼 죽은 사람(S 모임에서 R 모임으로 이동)도 있지만, 좀비였다가 죽은 사람(Z 모임에서 R 모임으로 이동)도 포함된다. 연구팀은 좀비는 머리가 잘리는 치명상을 입거나 뇌를 다치면 죽는 것으로 생각하고 모델을 완성했다.

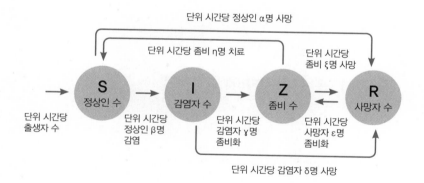

그 결과, 좀비 바이러스가 발생한 첫날을 기준으로 100일이 지나면 지구에는 300명을 제외한 모든 사람이 좀비로 변했을 것이라는 결론을 얻었다.

좀비 바이러스는 잠복기는 없을까? 좀비 바이러스는 대부분 감염과 동시에 증상이 나타난다. 만약 이처럼 잠복기가 없는 치명적인 바이러스가 퍼질 때 나에게까지 오는 데 얼마나 걸릴까? 연구팀은 잠복기가 아예 없다면 '지구 전체는 단 4시간 만에 모두 감염될 것'이라고 설명했다.

물론 좀비 바이러스는 대부분 감염과 동시에 증상이 나타나지만, 몇몇은 좀비에게 물린 위치에 따라 의식과 이성을 잃기까지 시간을 조금 벌기도 한다. 예를 들어 목을 물리면 바로 뇌로 바이러스가 퍼져 증상이 즉시 나타나고, 손이나 발의 일부를 물리면 증상이 천천히 나타나는 것을 보고 바이러스가 확실히 혈관을 타고 퍼진다는 사실을 짐작할 수 있어서다.

불규칙한 좀비 걸음걸이에 담긴 비밀

영화 속 좀비는 걸음 속도가 엄청 빠르다. 감염되지 않은 사람이 눈에 들어오기만 하면 무조건 직진하며 멈추지 않고 돌격한다. 하지만 시력이 매우 낮아서 혹시 가다가 장애물을 만나거나 예기치 못한 공격을 당하면, 가려던 방향을 잃고 마치 술 취한 사람처럼 비틀거리며 이동한다.

이렇게 술 취한 사람처럼 걷는 불규칙한 걸음걸이를 표현한 수학식이 있다. 이를 랜덤 워크라고 부른다. 랜덤 워크는 어느 방향으로 갈지 전혀 예측할 수 없을 정도로 불규칙하게 움직이는 모습을 예측해 수식으로 표현하는 확률 모델이다. 특히 기체나 액체 속 작은 입자가 불규칙하게 움직이는 현상(브라운 운동)이나 예측이 불가능한 주식이 오르고 내리는 현상을 설명할 때 주로 쓴다.

캐나다 오타와대학교 로버트 스미스 교수는 좀비의 움직임을 이 같은 랜덤 워크를 이용해 설명했다.이 내용으로 논문을 발표했다.◉ 먼저 좀비는 술 취한 사람처럼 비틀거리며 걷고, 좀비가 최초로 발생한 위치는 장례식장이 있는 병원이나 무덤이라고 가정했다. 그런 다음 좀비의 걸음은 일반인보다는 약간 느리고영화 속 모습과는 다른 설정◉, 절대 뛰지 않는다는 가정을 추가했다. 좀비는 1분에 최소 100m² 정도를 움직인다고 가정했다.

그러고는 아래 그림처럼 최초의 좀비 8명이 공간의 한쪽 구석에 모여 있을 때, 얼마나 빠르게 그 공간을 빠져나가는지를 시뮬레이션했다.

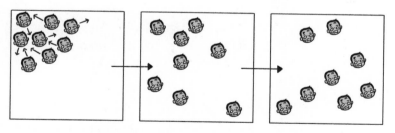

시간이 지남에 따라 좀비들이 얼마나 빠르게 움직이는지, 얼마나 불규칙하게 움직이는지 실험한 결과다. 맨 왼쪽 그림에 그려진 화살표가 좀비들이 최초에 움직인 방향이다.

그러자 좀비와 90m 떨어진 상태에서 제자리에 가만히 있을 때, 약 26분 뒤면 좀비를 마주할 수 있을 것이라는 결론을 얻었다. 좀비의 이동 능력을 1분에 150m²까지 올리면 좀비가 나를 찾는 데 걸리는 시간은 17분으로 줄어들었다. 연구팀은 좀비는 24시간 내내 쉬지 않고 사람을 쫓기 때문에 예상보다 훨씬 빠르게 다가올 것이라는 설명을 덧붙였다.

연구팀이 좀비 연구를 하는 이유는, 어느 날 갑자기 나타날 좀비 바이러스를 걱정하기 때문만은 아니다. 메르스나 구제역, 조류 독감 바이러스, 코로나 바이러스 등 현실에서 종종 위험한 바이러스가 퍼질 때 그 속도를 최소로 줄이려면 어떻게 해야 하는지를 미리 분석하기 위해서다.

비록 영화 〈부산행〉은 주요 주인공들까지 좀비 바이러스에 감염되면서 아쉬운 결말로 끝났지만, 앞에서 수학자들이 계산한 좀비 바이러스의 파급력을 비춰 보면 너무 당연한 결과일지 모른다. 좀비를 연구했던 수학자들이 당부한 몇 가지를 소개하며 글을 마친다.

만약 당신이 좀비를 만났다면 다음 중 가장 잘할 수 있는 일을 선택해 행동하시오!

1) 무조건 멀리 도망칠 것.(당장 바이러스 백신이 없으니 살아남는 방법은 최대한 멀리 도망치는 것뿐)

2) 도망은 혼자 칠 것.(여러 명이 같이 있던 위치가 좀비에게 들키면 좀비 수가 기

하급수적으로 증가하므로)

3) 좀비를 공격할 용기가 있다면, 좀비가 모여 있는 곳을 노려서 한 번에

많은 좀비를 처리할 것.

4) 좀비 바이러스 백신을 개발할 능력이 있다면 백신을 만들어 널리 보급

할 것.

Chapter

4

인문학과 수학은
떼려야 뗄 수 없는 사이라고!

이번 챕터에서는 인문학과 예술 분야를 자유로이 넘나드는 영화에서 수학을 찾아보려 해요. 수학자가 지은 명작으로 가장 잘 알려진 〈앨리스〉 시리즈부터 불멸의 화가 반 고흐의 작품까지, 예술에 담긴 수학 이야기를 들여다봅시다.

엉뚱한 소녀 앨리스와 시계를 든 토끼가 등장하는 이 이야기는 150여 년 전 한 수학자의 손에서 탄생했습니다. 평소 수수께끼를 사랑하던 수학자 루이스 캐럴은 주인공 앨리스와 몇 가지 수수께끼 문제를 엮어 소설을 하나 완성해요. 이 작품이 바로 《이상한 나라의 앨리스》랍니다. 팀 버튼 감독은 이 원작을 독특한 감성으로 재해석해 앨리스 시리즈를 만들어 냈어요. 영화와 소설을 자유롭게 넘나들며 앨리스를 만나 볼까요? (▶13)

히어로물은 언제나 우리를 실망시키지 않아요. 특히 배트맨과 슈퍼맨은 역사가 긴 만큼 다양한 에피소드와 콘텐츠로 팬들을 만났지요. 최근에는 배트맨과 슈퍼맨을 대놓고 한 영화에 등장시키기도 해요. 두 영웅의 대결 구도가 바로 관전 포인트이지요. 그중 브릭을 대표하는 '레고'로 변신한 두 영웅을 만나 보세요. 유머 감각은 기본, 서로를 향한 솔직한 감정 표현까지 잘 담은 영화 〈레고 배트맨 무비〉입니다. 과연 배트맨 vs 슈퍼맨 중 누가 이길까요? 배트맨이 몰래 간직한 비밀 병기가 설마, 수학…? (▶14)

히어로를 지나 이번에는 '공주 이야기'입니다. 공주 가운데 으뜸은 누가 뭐래도 백설공주 아닐까요? 개인 취향☺ 역사와 전통을 자랑하는 백설공주가 2012년, 탄생 200주년을 맞아 영화 〈백설공주〉로 돌아왔어요. 백설공주 이야기에서 빼놓을 수 없는 '왕비'와 '거울' 그리고 '일곱 난쟁이'. 세 키워드에 얽힌 수학 이야기를 들려드릴게요. (▶15)

자신의 귀를 자른 에피소드로도 유명한 화가 반 고흐. '별이 빛나는 밤에' '해바라기' 등 워낙 유명한 작품이 많아서 그의 인생도 탄탄대로였을 줄 알았는데 고난의 연속이었대요. 영화 〈반 고흐: 위대한 유산〉에서는 그동안 알지 못했던 반 고흐의 우울한 일생과 유명한 작품들의 탄생기를 볼 수 있어요. 특히 반 고흐 작품에서 나타나는 수학적인 특징에 주목해 보세요. (▶16)

말하기 전까지는 전혀 수학인 줄 몰랐지만 저와 함께 영화 속 장면을 찬찬히 들여다보면 수학이 보입니다. 다른 챕터와 비교해 가장 가볍고 쉬운 수학을 담았어요. 찰나에 지나가는 장면 속에서 수학을 발견하는 재미를 느껴 보세요.

▶

13

앨리스라는
명작을 남긴 수학자

〈이상한 나라의 앨리스〉

〈거울 나라의 앨리스〉

#이상한나라의앨리스 #루이스캐럴 #수학자 #수학교수 #
수수께끼 #극한 #무한 #소수 #거울나라의앨리스 #해피언
버스데이 #비생일선물 #타임머신 #타임슬립 #반전 #대칭

수학자가 쓴 소설, 그는 수수께끼의 달인

소녀 앨리스와 시계를 든 토끼 이야기를 모르는 사람은 거의 없다. 출간 150년을 훌쩍 넘긴 소설 《이상한 나라의 앨리스》는 호기심 많은 소녀 앨리스가 겪는 모험을 그린다. 우리에게 익숙한 기승전결 방식 이 아니라 '이상한' 나라에서 만나는 '이상한' 존재들과의 '이상한' 대화와 '이상한' 에피소드로 이어진다.

영화 〈이상한 나라의 앨리스〉는 이 소설을 바탕으로 내용을 각색했다. 영화는 이상한 나라로 간 앨리스가 붉은 여왕과 맞서 싸우고, 하얀 여왕에게 나라를 돌려주는 이야

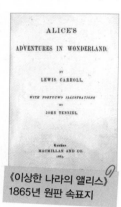

《이상한 나라의 앨리스》
1865년 원판 속표지

기를 다룬다. 원작 《이상한 나라의 앨리스(1865)》와 속편 《거울 나라의 앨리스(1872)》는 소설 이외에도, 영화나 애니메이션, 연극, 뮤지컬 등 다양한 형식으로 제작되면서 전 세계 사람들에게 오래도록 사랑받았다.

특히 팀 버튼 감독은 자신만의 독특한 감성으로 소설처럼 영화 〈이상한 나라의 앨리스〉와 〈거울 나라의 앨리스〉를 차례로 선보였다. 첫 번째 작품 〈이상한 나라의 앨리스〉에는 소설 속 에피소드를 대부분 그대로 담았고 〈거울 나라의 앨리스〉는 '거울을 통해 이상한 나라로 들어가는 설정'을 제외하고는 거의 새로운 내용으로 채웠다.

한편, 소설 《이상한 나라의 앨리스》 시리즈를 쓴 작가 루이스 캐럴은 조금 이력이 특이하다. 루이스 캐럴은 필명이며, 본명은 찰스 루드위지 도지슨이다. 캐럴은 영국 사람으로 직업도 꽤 다양한 사람이었다. 그는 영국 빅토리아 여왕 시대의 수학자이자 소설가, 인물사진 전문가, 작가로서 각 분야에서 폭넓게 활동했다.

루이스 캐럴

루이스 캐럴은 대학에서 수학을 전공하고, 자신의 모교 영국 옥스퍼드대학교 크라이스트처치 수학과 교수로 부임했지만, 말더듬이 증상이 심해 수업에 어려움이 있었다. 대학 시절 신학도 공부해 성직자 자격도 갖췄으나, 같은 이유(말더듬이)로 교단에 서지 않았다.

하지만 수학자로서의 삶은 계속 이어 나갔다. 루이스 캐럴은 수학 공부를 막 시작하는 사람들을 위해 《평면 기하학 입문서》, 《유클리드의 초기 저서 두 권에 관한 해석》, 《행렬식에 관한 대수학 입문서》, 《행렬식에 관한 기초론》 등 수학책을 여러 권 쓰기도 했다. 그는 이같은 정통 수학뿐만 아니라 비슷한 발음의 단어를 사용하는 언어유희나 수수께끼, 퍼즐이나 마술 트릭을 만드는 '레크리에이션 수학' 분야에도 관심이 많았다.

덕분에 그의 작품에서도 재미있는 표현이나 우스꽝스러운 시들이 종종 등장한다. 단어의 철자를 하나씩 바꾸어 엉뚱한 단어로 만들어 헷갈리는 표현을 쓰거나, 기상천외한 말장난으로 독자에게 웃음을 선사했다. 몇 가지 예시는 다음과 같다.

비틀기(REELING) - 읽기(READING)

몸부림치기(WRITHING) - 쓰기(WRITING)

혼빼놓기(DISTRACTION) - 뺄셈(SUBTRACTION)

조롱(DERISION) - 나눗셈(DIVISION)

소설의 주인공인 '앨리스'는 캐럴이 근무하던 학교(옥스퍼드대학교 크라이스트처치)의 학장 헨리 리들의 둘째 딸 이름(앨리스 플레전스 리들)이다. 캐럴은 종종 헨리 가족과 만났는데 그때마다 앨리스에게 앨리스가 주인공인 짧은 동화를 즉석에서 지어 들려주었다. 캐럴이 앨리스에게 종종 수수께끼도 들려주었는데, 앨리스를 만나 들려주던 이야기와 수수께끼를 엮은 책이 바로 《이상한 나라의 앨리스》다.

《이상한 나라의 앨리스》 시리즈는 수학자들에게도 인기가 많았던 소설이다. 특히 소설 속에 담긴 수학적인 의미를 재해석하는 일이 많았다. 미국의 수학자 마틴 가드너는 본격적으로 이를 정리한 책 《주석 달린 앨리스(1960)》를 선보였다. 《주석 달린 앨리스》에는 소설 《이상한 나라의 앨리스》에 담긴 수학 이야기가 상세하게 풀이돼 있다. 본문보다 주석이 더 길기로 유명하다.

규칙과 상식을 뛰어넘는 '이상한 나라'

영화 〈이상한 나라의 앨리스〉는 열아홉 살이 된 앨리스소설 속 앨리스의 나이는 12~14세 정도인데, 19세기에는 14세면 결혼하기에 충분한 나이였다.●가 등장한다. 평소에도 정해진 규칙과 틀에 얽매이지 않는 앨리스는 곤란한 상황(갑.분.약혼식)에 처하자 도망치듯 그 자리를 피해 버린다. 마음에 들지 않는 남자와 약혼할 수 없었던 앨리스는 불편한 자리를 쏜살같이 빠져나와 정원으로 향한다. 거기서 앨리스는 허둥지둥 뛰어가는 토끼 한 마리를 만난다. 앨리스는 무엇에 홀린 듯 토끼를 따라 나무 밑 커다란 굴속으로 빠진다. 영화 〈이상한 나라의 앨리스〉는 이렇게 시작한다.

꽤 깊은 곳까지 떨어진 앨리스는 나가는 곳을 찾기 시작했다. 그런데 눈에 보이는 문이라고는 쥐구멍만큼 작은 문뿐이다. 주변을 둘러보니 마침 '작은 병' 하나가 탁자 위에 놓여 있다. 앨리스는 겁 없이 작은 병에 담긴 액체를 벌컥벌컥 마신다. 그러자 앨리스는 몸이 아주 작아진다. 소설에는 키가 25cm까지 작아졌다고 나온다. 😊 이왕 몸이 작아졌으니 아까 발견한 출구에 다가섰다. 그런데 이번엔 열쇠가 필요한 잠금장치가 있다. 앨리스는 작아진 몸으로 탁자 위 열쇠를 꺼내려 애썼지만 손이 닿질 않아 실패한다. 탁자 밑을 자세히 들여다보니 '작은 떡' 조각이 눈에 띄고 이를 먹자 앨리스는 원래보다 훨씬 크게 몸이 커지고 만다. 앨리스는 적절히 액체와 떡 조각을 먹으며 크기 조절을 하고, 무사히 이 문을 연다. 이상한 나라로 들어가는 문이다.

이 장면은 소설에서 어떻게 묘사됐을까? 소설 속에서는 앨리스가 병에 담긴 액체를 마시고 자신의 몸이 양초처럼 완전히 사라져 버릴까 걱정하는 장면이 나온다. 이 장면은 캐럴이 수가 아무리 작아져도 존

재 자체가 사라지지 않는 무한의 개념에서 영감을 얻어 쓴 부분이라고 한다. 예를 들어 0.1은 0과 아주 가까운 수이고 0.01은 0.1보다 훨씬 더 0에 가까운 수다. 이때 소수점 뒤에 0을 많이 붙이면 0.00000000001과 같이 더욱 0에 가까운 수를 만들 수 있다. 하지만 아무리 0을 붙여도 그 수의 값이 작을 뿐, 존재가 사라지지는 않는다. 앨리스가 아무리 액체를 마셔도 존재가 사라지지 않는다는 이야기다. 수학에서는 이 개념을 극한★이라고 말한다.

모든 것이 거꾸로인 나라

소설 속편 《거울 나라의 앨리스》에서는 조금 더 정교한 수학 표현을 만날 수 있다. 비록 영화는 각색된 이야기라서 결이 조금 다르다. 영화에서는 성인이 된 앨리스가 나오는데 선장이 된 앨리스가 비바람을 뚫고 거친 바다를 항해하는 모습으로 시작한다. 항해를 무사히 마친 어느 날, 런던으로 돌아온 앨리스는 한 파티장에 가고 거기서 나비로 변한 압솔렘이상한 나라의 앨리스에 사는 쐐기벌레, 전편 영화에서는 주술사 역할을 했다.●을 만난다. 압솔렘을 만나 '거울'이라는 매체를 통해 '거울 나라'에 다시 빠지게 된다. 거울 나라에 도착해 정신을 차리고 보니 앨리스가 전작인 〈이상한 나라의 앨리스〉에서 하얀 여왕에게 되찾아 준 그

나라였다. 하지만 나름 친구였던 미치광이 모자 장수거울 나라에서는 매드 해터(mad hatter)라는 이름으로 등장한다.●가 위기에 빠져 있다. 모자 장수를 구하려면 시간을 되돌려야 하는데, 그러려면 사람 모습인 '시간(캐릭터 이름)'이 항상 손에 쥐고 있는 작은 공 모양의 '크로노스피어'를 훔쳐야 한다.

거울 나라는 모든 게 거꾸로인 나라다. 예를 들어 소설에서는 책의 글씨도 모두 거꾸로 인쇄돼 있어 거울에 비춰야만 책 문장을 제대로 읽을 수 있다. 당연히 시간도 거꾸로 흘렀는데, 영화는 소설 속 다른 내용은 생략하고 '거꾸로 가는 시간', '과거로 돌아가는 시간'에 집중했다. 과거로 돌아갈 수 있는 '크로노스피어'를 차지하기 위해 모자 장수와 앨리스는 붉은 여왕과 계속 갈등을 일으킨다.

《거울 나라의 앨리스》 속 앨리스와 붉은 여왕

거꾸로 가는 시간, 어떻게 계산해야 하나

영화에서는 볼 수 없지만 소설에서는 캐럴이 비례 · 반비례 개념을 담은 장면이 있다.

거울 나라를 헤매던 어느 날, 앨리스는 거울 앞에서 붉은 여왕을 다시 마주했다. 서로 반가울 리 없는 둘은 일정한 거리를 두고 서 있었다. 용기를 내 앨리스가 여왕에게 다가갔지만, 여왕에게 다가갈수록 둘 사이는 더 멀어졌다. 앨리스는 곰곰이 생각하다 뒤로 돌아 걸어간다. 그러자 분명히 뒤로 갔는데, 여왕을 코앞에서 만날 수 있게 됐다. 역시 거울 나라에서는 알고 있는 상식과 무조건 반대로 행동해야 문제를 풀 수 있다는 사실을 깨닫는다.

앨리스는 이때 여왕을 만나 자신이 거울 나라에서 겪었던 이상한 일들을 물었다. 맨 먼저 자신이 숨이 차도록 달려도 제자리인 이유를 물었는데, 여왕은 거울 나라에서는 거리와 속력, 시간 사이의 관계도 모두 반대라고 설명했다.

거울 나라 밖 세상에서 속도는 일정한 시간 동안 움직인 거리를 알아내 구할 수 있다. 움직인 거리를 걸린 시간으로 나누면 된다. 식으로 나타내면 (속도)$=\dfrac{(거리)}{(시간)}$이다. 이때 속도와 거리는 정비례 관계★다. 일정한 시간 동안 속도가 빨라지면 이동 거리도 그만큼 늘어난다는 이야기다.

하지만 거울 나라에서는 이것조차도 반대 개념이었다. 속도와 거리가 반비례 관계★라는 말이다. 이를 식으로 표현하면 (속도)$=\dfrac{(시간)}{(거리)}$이 된다. 다시 말해 거울 나라에서는 일정한 시간 동안 속도가 빨라지면 이동한 거리는 줄어든다. 앨리스가 빠르게 달릴수록 이동한 거리가 줄어드니, 아무리 숨이 차게 달려도 제자리인 기분이 들었던 거다.

★**정비례 관계**란 두 변수 x, y의 관계를 나타내는 식에서 x가 2배, 3배, 4배…로 늘어날 때 y도 2배, 3배, 4배…로 늘어나는 관계이면 y는 x에 정비례한다고 말한다.
★**반비례 관계**란 두 변수 x, y의 관계를 나타내는 식에서 2배, 3배, 4배…로 늘어날 때 y는 $\frac{1}{2}$배, $\frac{1}{3}$배, $\frac{1}{4}$배…로 줄어드는 관계이면 y는 x에 반비례한다고 말한다.

소설 곳곳에 재밌는 수수께끼가 담겨 있다

소설 《거울 나라의 앨리스》에서도 재미있는 수수께끼가 종종 등장한다. 가벼운 수수께끼 하나를 함께 살펴보자. 수수께끼는 다음과 같은 형식이다.

"이건 여왕 폐하께서 비생일 선물(unbirthday present)로 주신 거야. 물론 생일이 아닐 때 받는 선물이지. 1년은 며칠이지?"

"365일이요."

"그럼 네 생일은 그중 며칠이지?"

"하루요."

"365일에서 하루를 빼면 며칠이 남지?"

"물론 364일이죠."

"이걸 보면 비생일 선물을 받을 수 있는 날이 364일이나 된다는 걸 알 수 있지. 생일 선물을 받을 수 있는 날은 딱 하루뿐이고. 너는 참 영광스럽겠다!"

앨리스가 만난 험프티와 범프티(쌍둥이형제)는 비생일 개념을 설명한다. 1년 365일 중에 자신의 생일을 하루 뺀 나머지는 364일이고, 사람은 누구나 1년에 364일이 비생일(unbirthday)이니 생일 말고 비생일을 기다리면서 행복하게 살자는 이야기다. 캐럴은 이런 식의 생각 유희를 즐겼다. 그의 수학적 상상력과 환상은 오늘날까지도 철학, 수학, 물리학, 심리학 분야에 영향을 미치고 있다. 특히 물리학에서는 빅뱅 이론, 카오스 이론, 상대성 이론, 양자 역학 등을 설명할 때 자주 인용하는 예시로 앨리스 이야기가 쓰인다.

예를 들어 빅뱅 이론을 설명할 때마다 '앨리스'는 절대 빼놓을 수가 없다. 사람들은 앨리스가 사는 공간인 '이상한 나라'와 빅뱅 이론으로 설명하려고 하는 미지의 우주 세계를 빗대어 표현한다. 게다가 이 분야의 연구를 돕는 핵심인 기계 이름이 앨리스이기 때문에 더욱 자주 인용된다. 앨리스(ALICE, A Large Ion Collider Experiment)는 길이 26m, 높이와 폭이 각각 16m로 무게만 1만 톤에 이르는 거대한 기기다. 앨리스에서는 납 원자핵을 빛 속도의 99%로 가속시킨 뒤 충돌시켜서 태양 중심보다 10만 배나 뜨거운 상태를 만든다. 현재 29개국 86개 기관에서 1000여 명의 연구자가 참여하고 있으며 국내에서도 강릉대학교, 부산대학교, 세종대학교, 연세대학교 연구진이 참여하고 있다.

이번 기회에 본문에 소개되지 않은 다양한 수수께끼를 찾아보면서 소설《이상한 나라의 앨리스》시리즈를 다시 읽어 보면 어떨까.

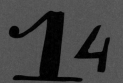

돌아온 배트맨
로고에 담긴 여섯 가지
함수 찾기

〈레고 배트맨 무비〉

#배트맨 #레고무비 #레고손가락 #2진법 #진법 #배트맨
로고 #타원방정식

"안녕, 난 배트맨으로 이중생활을 즐기고 있는 브루스 웨인이라고 해. 어린 시절 눈앞에서 부모님의 죽음을 경험한 뒤로, 내가 사는 이 도시 고담시의 범죄를 없애는 일에 평생을 바치기로 나 자신과 약속했지. 나는 악당들을 물리치려고 전 세계를 떠돌며 세계 최고의 무술가들에게 무술을 배우고, 과학과 심리학, 범죄학을 익히며 10대를 보냈어.

기본 준비를 마치고 고담시로 돌아왔는데 그때 우연히 집 안으로 박쥐 한 마리가 날아든 거야! 난 박쥐를 보고 영감을 얻어 박쥐를 본뜬 의상을 제작했지. 이렇게 해서 배트맨이 탄생한 거야.

나는 박쥐의 본성에 따라 밤에만 나타나 시민들을 구하기로 했지. 시민들에겐 내 정체를 숨기지만, 악당들에겐 내 존재를 알리기 위해 내가 다녀간 자리엔 늘 '박쥐 모양의 흔적'을 남기지. 바로 여기에 수학이 있어!"

"지금까지 이런 배트맨은 없었다!"

머리끝부터 발끝까지 검은 기운으로 망토를 휘날리며 고담시를 누비는 배트맨. 영화 〈레고 배트맨 무비〉에는 우리가 알던 무게 잡는 배트맨은 없다. 다만 센스와 재치로 똘똘 뭉친 2등신인심 쓰면 2.5등신😀 레고 배트맨만 있을 뿐이다.

영화가 시작하자마자 작은 비행기가 폭탄을 가득 싣고 고담시로 향한다. 그러던 중 조커의 습격을 받는다. 이때 비행기 뒤편에서 수상한 소리가 나자 비행기를 운전하던 파일럿 2명이 가위바위보를 하는 장면이 나오는데 C 모양의 레고 손으로 어떻게 가위바위보진짜 종이(보)와 종이를 자르는 가위(가위)가 등장한다.😀를 하는지가 관전 포인트다.

손가락 개수는 일상생활과도 꽤 밀접한 관계가 있다. 우리가 간단한 셈이 급할 때, 손가락부터 찾는 이유와 비슷하다. 생활에서 우리가 사용하는 수 체계는 10진법★이다.

사람은 손가락이 10개이기 때문에 10개를 한 묶음으로 생각하는 10진법이 자리를 잡았다. 그런데 레고는 손가락(!)이 두 개다. 손가락 2개로 셈할 수 있는 기수법을 2진법이라고 부르는데, 2진법은 손

★**진법**이란 수를 표기하는 기수법 중 하나다. 우리가 생활에서 종종 접하는 진법으로는 기본 10진법, 디지털 수 2진법, 시계 체계 12진법과 60진법, 요일 체계 7진법 등이 있다.

가락의 개수에 상관없이 '있다와 없다' '흑과 백' '빛과 어둠' '좋음과 나쁨' 등 가장 단순한 이분법 개념에서 출발했다. 사람에 따라 손가락이 3개, 4개, 7개 등 제각각이었다면 어떻게 됐을까? 아마 일상적인 소통 자체가 불가능했을 것이다.

그런데 우리는 알게 모르게 이미 다양한 진법을 쓰고 있다. 먼저 1년이 12달, 1다스가 12자루, 1실링은 12펜스, 1파운드는 12온스라는 사실에서 12진법을 접한다. 이것은 초승달에서 다음 초승달이 뜨는 횟수가 1년에 약 12번이었다는 데서 시작됐다고 한다.

아주 오래전 옛 바빌로니아인들이 사용하던 60진법도 있다. 바빌로니아인들은 왜 셈하기도 어려운 60진법을 사용했을까? 자연 현상에 관심이 많았던 바빌로니아인들은 지구가 태양 주위를 돈다는 사실에 주목했다. 지구가 태양 주위를 한 바퀴 도는 데 360일 정도 걸리는 것에서 착안해 원 한 바퀴 각도를 360°로 정했다. 원의 크기가 얼마든지 간에 원둘레의 길이를 반지름으로 나누면 대략 6이 된다. 이렇게 나온 6으로 다시 360을 나누면 60이고, 바로 여기서 60진법이 탄생했

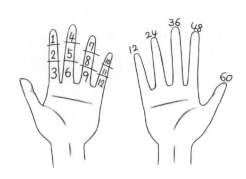

다. 인류 초기부터 사용하던 60진법은 오늘날 매일 시계를 볼 때나 각도를 이야기할 때 매번 사용하고 있다.

배트맨의 상징, 수학으로 나타내면?

배트맨을 떠올리면 가장 먼저 생각나는 게 있다. 바로 박쥐가 날개를 편 모양을 한 배트맨 상징 로고(오른쪽 그림)다.

배트맨 이야기는 1989년 미국의 팀 버튼 감독앞 꼭지 ▶13 〈앨리스〉 시리즈 영화 감독님😊 이 처음 영화로 만들었는데, 이때 이 '로고'가 등장했다. 한동안 시리즈가 거듭되면서 실사 영화에서는 더 날렵하고 세련된 모습으로 로고가 달라졌고 초기 로고는 잊히는 듯했다.

배트맨 로고의 초기 모습(위)과 실사 영화에 등장하기 시작한 최신식 로고(아래)의 모습. ⓒ워너브라더스코리아(주)

그런데 다시 돌아왔다. 레고 무비여서 가능했다. 배트맨의 상징인 초기 로고를 다시 만나게 된 것이다. 이 로고는 함수 6개를 이용해 누구나 직접 그릴 수 있다. 이를 설명하기 쉽게 여기 본문에서는 '배트맨 방정식'이라고 하겠다.

이 로고를 2차원 평면 위에 그린다고 가정하자. 배트맨 로고는 기본

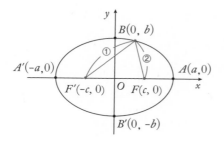

적으로 타원 안에 모두 쏙 들어가 있으므로, 배트맨 방정식을 구하려면 맨 먼저 타원 방정식을 알아야 한다.

타원이란, 평면 위 두 점(F와 F')에서의 거리의 합(왼쪽 그래프에 표시된 ①+②)이 일정한 점들의 자취를 말한다.

타원 방정식을 이용하면 타원을 쉽게 그릴 수 있다. 타원 방정식의 기본형은 $\left(\dfrac{x}{a}\right)^2+\left(\dfrac{y}{b}\right)^2=1$(단, $0<b<a$)로, 이 방정식에 따라 그래프를 그리면 가로로 길게 눕힌 것과 같은 모양의 타원이 그려진다. 이 방정식에서 꼭짓점(x축 또는 y축과 만나는 점)은 $(a, 0)$, $(-a, 0)$, $(0, b)$, $(0, -b)$이고 그래프는 위 그림과 같이 그려진다.

배트맨 로고는 $\left(\dfrac{x}{7}\right)^2+\left(\dfrac{y}{3}\right)^2=1$이라는 타원 방정식으로부터 출발한다. 이 방정식을 좌표 평면★ 위에 그리면 오른쪽 로고에서 박쥐 날개를 따라 타원이 생긴다.

★**좌표 평면**이란, 좌표를 나타내는 평면. x축과 y축 2개의 축으로 이루어진 평면으로 좌표 평면 위의 각 점은 두 수의 순서쌍(좌표)으로 나타낼 수 있다. 좌표 평면에서 기준이 되는 점 즉, x축과 y축이 만나는 점을 원점$(0, 0)$이라고 한다.

★**함수**란 두 변수 x, y에 대해
x의 값이 정해지면 y의 값도
단 하나로 정해지는 관계가 있
을 때, y는 x의 함수라고 한다.

배트맨 로고는 모두 여섯 종류의 함수★를 결합해
그린 그래프다. 서로 다른 종류의 함수를 '결합'한다
는 말은, 서로 다른 6개의 함수 그래프를 그릴 때 각
각 x의 범위를 모두 다르게 지정해서 한 화면에 그려
질 수 있도록 한다는 뜻이다. 예를 들어 $0 \langle x$일 때는 1번 함수, $x=0$일
때는 2번 함수, $x \langle 0$일 때는 3번 함수를 따른다고 하면 세 종류의 함수
를 결합해서 한 평면 위에 나타낼 수 있다.

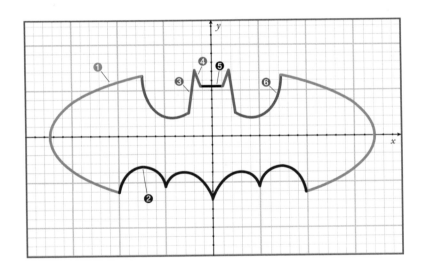

배트맨 로고의 경우에는 앞에서 설명한 타원 방정식(❶)을 기본 틀
로 삼고, 여기에 여러 개의 이차 함수 그래프(❷)와 일차 함수 그래프
(❸, ❹), 상수 함수 그래프(❺)와 변형된 쌍곡선 함수 그래프(❻)가 미

리 정한 x의 범위에 따라 모두 한 평면 위에 그려진다. 그러면 '배트맨 방정식' 그래프를 완성할 수 있다.

이차 함수 그래프는 방정식 $y=ax^2+bx+c(a, b, c$는 상수, $a \neq 0)$의 그래프로 나타낸다. 좌표 평면 위에서 y축에 평행인 축을 갖는 포물선으로 $a>0$이면 아래로 볼록, $a<0$이면 위로 볼록이다. 배트맨 로고에서는 위로 볼록한 함수 여러 개가 모인 모습(❷)이 보인다.

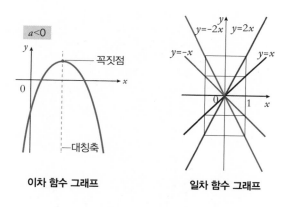

이차 함수 그래프　　　　　일차 함수 그래프

일차 함수 그래프는 방정식 $y=ax+b(a, b$는 상수, $a \neq 0)$의 그래프로 나타낸다. $y=ax+b$처럼 y가 x에 관한 일차식으로 나타날 때 이 함수를

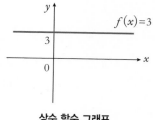

상수 함수 그래프

일차 함수라고 하고, 그 그래프는 a의 부호에 따라 오른쪽 위를 향하거나 왼쪽 아래를 향하는 직선으로 그려진다.

상수 함수란 상수로만 이루어진, 즉 상수항만으로 구성된 함수다. 왼쪽 그래프의 $f(x)=3$은 변수 x에 관계없이 항상 같은 값인 3을 가지는 상수 함수다. 상수 함수는 $f(x)=c$ (c는 상수)의 꼴로 나타난다.

쌍곡선이란, 평면 위 두 정점에서의 거리의 차가 일정한 점들의 자취를 쌍곡선이라고 한다.

아래 그림처럼 쌍곡선 그래프는 상하 또는 좌우로 퍼진 곡선으로 그려진다.

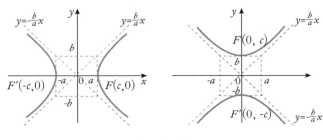

쌍곡선 그래프

이처럼 서로 다른 여섯 개의 방정식 또는 함수의 그래프가 원하는 점에서 만나 이어지도록 그리려면, 대칭 함수와 절댓값 함수의 성질을 모두 정확하게 이해해야 한다.

먼저 배트맨 그래프는 x축 대칭이 아닌 y축 대칭 함수다. 쉽게 말해 이 그래프는 y축을 기준으로 반을 접으면 정확하게 포개진다는 뜻이다. 즉 타원 방정식(❶)을 제외하고, 나머지 그래프는 반쪽에 해당하는 방정식이나 함수를 구한 다음, y축 대칭 함수를 구하면 쉽게 완성할 수 있다.

y축 대칭 함수는 주어진 함수식에서 x의 부호만, x축 대칭 함수는 y의 부호만 반대로($+\leftrightarrow-$) 바꿔서 식에 대입하면 된다. 예를 들어 일차 함수 $y=x+1$의 y축 대칭 함수는 $y=-x+1$다.

대칭 함수를 한 평면 위에 동시에 나타내려면 절댓값★ 함수를 알아야 한다. 절댓값은 항상 0보다 크거나 같고, 기호 '| |'를 사용한다.

★**절댓값**이란, 수직선 위의 한 점에서 원점(0)까지의 거리를 말한다.

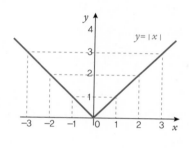

예를 들어 왼쪽 그래프처럼 $y=|x|$는 $y<0$인 부분의 그래프를 x축을 기준으로 접어 올려 그린다. 함숫값이 모두 0보다 크기 때문이다.

절댓값 함수는 어떤 함수의 x값 또는 y값에 절댓값을 씌워 x의 범위를 조건에 따라 지정할 때 사용한다. 따라서 x에 절댓값을 씌우고, 그 부호를 어떻게 정하느냐에 따라 다르게 그려진다. 이렇게 여러 함수를 모아 한 평면 위에 나타내면 배트맨 방정식 그래프(192쪽)도 그릴 수 있다.

배트맨 vs 슈퍼맨

배트맨 시리즈는 배트맨과 조커의 싸움을 구경하는 것도 재밌지만 최근에는 〈배트맨 vs 슈퍼맨〉이라는 영화가 따로 제작될 정도로 배트맨과 슈퍼맨의 자존심 싸움을 구경하는 재미가 쏠쏠하다. 영화 〈레고 배트맨 무비〉에서도 슈퍼맨을 깎아내리는 농담을 하거나, 배트맨이 장점을 어필하며 우쭐하는 장면이 나오는데 실사판보다 더 흥미진진하다.

배트맨이 불길에서도 거뜬한 이유를 알아보려면 실사판 〈배트맨〉 시리즈를 같이 봐야 한다. 영화 〈다크 나이트 라이즈〉에서는 배트맨이 화염 속을 아무렇지 않게 걸어 나온다. 배트수트의 위력이 그만큼 강해서다. 배트수트에 대한 비밀은 영화 〈배트맨 비긴즈〉에 나온다. 배트수트의 비밀은 바로 아라미드 섬유!

영화 속에서 브루스 웨인은 '웨인 기업 응용과학 연구소'에서 이 소재의 옷감을 개발해 배트수트를 개발했다.

실제 아라미드 섬유는 고분자로 이루어진 합성 섬유다. 이 섬유는 1972년 미국의 듀폰사가 아라미드 섬유로 된 '케블라'라고 부르는 질기고 강한 실을 개발한 뒤로 방탄복에 쓰였다. 케블라는 5mm 굵기의 가느다란 실이지만, 같은 무게의 강철보다 5~7배 정도 질기고 튼튼하다. 이 때문에 케블라로 만든 천을 여러 겹 겹쳐서 옷감으로 만들면 총알도 뚫지 못한다. 덕분에 아라미드 섬유는 전투기 조종사 수트나 소방관 내열복 옷감, 자동차 타이어, 비행기 부품 등 다양한 범위에서 사용된다. 아라미드 섬유는 '아라미드'라는 열을 흡수하는 성질이 있는 독특한 고분자*를 소재로 하고 있어, 쉽게 불에 타거나 녹지 않는

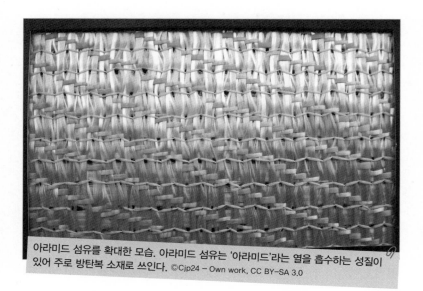

아라미드 섬유를 확대한 모습. 아라미드 섬유는 '아라미드'라는 열을 흡수하는 성질이 있어 주로 방탄복 소재로 쓰인다. ©Cjp24 – Own work, CC BY–SA 3.0

특징이 있다. 무려 500℃까지 견딜 수 있어서 배트맨은 화염 속을 거닐며 악당과 싸울 수 있다.

★**고분자**는 매우 높은 분자량을 가지는 분자체를 말한다. 여기서 분자체란 분자를 체에 거르는 것처럼, 액체나 기체 혼합물에서 분자의 크기에 따라 성분을 분리하는 촉매제를 말한다. 분자량이 작은 기본 단위(단량체)를 화학 결합으로 규칙적으로 모아서, 큰 단위체를 만들어 고분자를 생성하는 원리다. 주로 나일론과 같은 합성 섬유나 특수 섬유를 만들 때 고분자 합성 기법을 사용한다. 대표적으로 나일론은 1935년 미국 듀폰사에서 개발한 합성 고분자다. 두 개의 '카복실산'과 두 개의 '아민'을 합성해 분자량을 더 높였다. 다양한 섬유 소재, 전선의 껍질(피복) 등의 소재로 쓰인다.

영화에 등장한 아라미드 섬유는 탄소, 산소, 질소, 수소가 일렬로 늘어선 '아미드기(CONH)'와 '벤젠(C_6H_6)'이 안정적이고 강하게 결합해 완성한 고분자 섬유다.

게코 도마뱀 발바닥 근접 촬영 모습.
©Bjørn Christian Tørrissen /http://
bjornfree.com/galleries.html

그렇다면 스파이더맨의 무기는 어떨까? 실제로 최근 스파이더맨처럼 벽을 자유롭게 오르내릴 수 있는 '스파이더맨 장갑'과 '스파이더맨 장화'가 등장해 화제가 됐다.

이탈리아의 물리학자 니콜라 푸그노 교수는 게코 도마뱀 발바닥을 본뜬 접착 물질을 개발했다. 게코 도마뱀 발바닥은 이중 솜털 구조로 돼 있는데, 솜털의 끝부분이 구부러져 있다. 이 때문에 게코 도마뱀은 중력에 영향을 받지 않고 벽면에 잘 달라붙을 수 있다.

연구팀이 개발한 접착 물질은 약 10억 개의 미세한 플라스틱 섬유로 만들어졌다. 각 섬유의 지름은 약 1마이크로미터(μm) 정도이며, 게코 도마뱀 발바닥을 덮고 있는 솜털 구조를 닮았다. 각 섬유는 탄소 나노 튜브를 수억 개 꼬아 만들어 가벼우면서도 강도가 세다. 탄소나

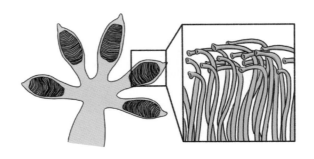

노 튜브는 탄소 6개로 이루어진 육각형이 서로 연결돼 관 모양을 이루는 신소재로, 강도가 철보다 100배나 뛰어나다.

이 접착 물질로 만든 스파이더맨의 장갑과 장화는 약 1000kg까지 지탱할 수 있다. 다만 도마뱀과 사람의 근육 크기가 달라 보완이 필요하다. 아직 진짜 스파이더맨이 나오기까지 시간이 조금 더 걸릴 것으로 보인다는 말이다.

영화 〈레고 배트맨 무비〉에서는 실사판 배트맨 시리즈와 히어로물에 나온 각종 패러디 영상을 볼 수 있다. 처음부터 끝까지 대놓고 PPL(product placement advertisement, 광고 협찬)인 영화이지만, 광고 역시 아주 유쾌하게 풀어냈다. 그 무엇보다 아주 소소하고 세밀한 소품부터 지구 밖 항공뷰까지 모두 레고로 장식한 영상미가 훌륭하다. 배트맨 로고를 다시 만날 수 있어 반가웠던 레고 배트맨 무비, 이번 기회에 꼭 한 번 다시 보시길!

15

수학으로 그려 낸
백설공주의 세계, 그리고
독사과와 확률 게임

〈백설공주〉

#백설공주 #탄생200주년 #왕비거울 #차원 #4차원 #난
쟁이 #숫자7 #분할수 #몬티홀문제

왕비의 거울 속 4차원 세계를 수학으로 상상하기

2012년 5월, 전 세계인들에게 잘 알려진 고전 동화 《백설공주》가 탄생 200주년을 기념해 판타지 영화로 다시 태어났다. 백설공주와 왕비의 불꽃 튀는 대결과 반전에 반전을 더하는 탄탄한 줄거리가 영화를 보는 내내 긴장감을 더한다. 두 여인의 대결 종목은 오직 '미모'. 이기는 자에게는 훈남 왕자가, 지는 자에게는 죽음의 독사과가 기다리고 있다.

왕비는 여전히 못된 성격에, 자기만 알고 주변에 적이 많다. 그래서 왕비에게 거울은 늘 특별하다. 자신의 속내를 털어놓을 유일한 대화 상대이기 때문이다. 이렇게 왕비와 떼놓을 수 없는 거울은 동화와 영화 속 놓인 위치가 다르다. 동화 속 거울은 왕비의 방에 걸려 있고, 영

화 속 거울은 현실이 아닌 다른 차원 공간에 놓여 있다

영화 속에서 왕비 거울을 만나려면 세 단계를 거쳐야 한다.

먼저 ① 왕비가 남몰래 드나드는 방의 한쪽 면을 가득 메운 커다란 거울 앞에 선다. ② 그 앞에 서서 '거울아, 거울아' 주문을 외우고, 눈을 지그시 감는다. 그러고는 ③ 거울을 향해 뛰어들면 된다.

마치 해리포터가 호그와트 마법 학교로 들어갈 때 9와 4분의 3 승강장으로 뛰어드는 것처럼 말이다. 그리고 나면 바닥이 180° 회전하면서 새로운 세계가 등장한다.

말하는 거울이 사는 곳? 마법이 통하는 세상? 혹시 말하는 거울이 사는 공간은 말로만 듣던 4차원이 아닐까? 하지만 말하는 거울이 사

는 공간을 4차원 세계라고 하기에는 겉모습이 우리가 사는 3차원 현실과 많이 닮았다. 그렇다면 진짜 4차원 공간은 어떻게 생겼을까?

수학자들은 피타고라스 정리★를 이용해 3차원 이상의 공간을 설명하곤 했다. 생각의 확장을 돕기 위해 2차원 공간부터 그려 보자.

먼저 반지름이 1인 원 4개를 아래 그림처럼 모두 접하도록 그린다. 4개의 원의 중심은 각각 (1,1), (−1,1), (−1, −1), (1,−1)이다. 이때 네 개의 원과 모두 접하는 새로운 원을 그린다. 만약 이때 새로 그린 작은 원의 반지름($\overline{OR}$)을 구하려면, $\overline{OP}$에서 $\overline{PR}$을 빼면 된다.

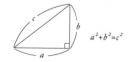
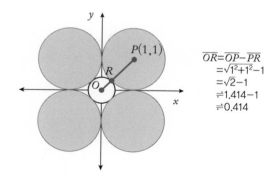

$P(1,1)$

$$\overline{OR}=\overline{OP}-\overline{PR}$$
$$=\sqrt{1^2+1^2}-1$$
$$=\sqrt{2}-1$$
$$\risingdotseq1.414-1$$
$$\risingdotseq0.414$$

'$\overline{OP}-\overline{PR}$'은 두 점 사이의 거리를 구하는 공식으로 계산하면 된다. 두 점 사이의 거리를 구하는 공식은 피타고라스 정리를 변형해 만든 또 다른 공식이다. 2차원 공간상의 두 점 (x_1, y_1)과 (x_2, y_2)가 있다면, $\sqrt{(x_2-x_1)^2+(y_2-y_1)^2}$으로 구하면 된다. 그 결과 새로 그린 작은 원의 반지름은 약 0.414이다.

그렇다면 3차원은 어떨까? 이번에는 반지름이 1인 구 8개를 아래 그림과 같이 접하도록 그린다. 그런 다음 8개의 구와 모두 접하는 새로운 구를 그린다.

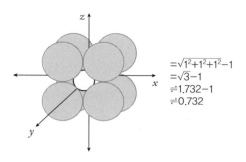

$$=\sqrt{1^2+1^2+1^2}-1$$
$$=\sqrt{3}-1$$
$$\fallingdotseq1.732-1$$
$$\fallingdotseq0.732$$

구의 반지름은 정육면체의 대각선 길이를 구하는 방법으로 구하거나, 앞서 살펴본 방식으로 3차원 공간상의 두 점을 정해서 두 점 사이의 거리를 구하는 공식★으로 계산하면 된다. 이렇게 계산하니 반지름이 1인 구 8개 안쪽에 접하는 새로운 구의 반지름은 약 0.732이다.

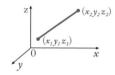

왼쪽 그림처럼 만약 3차원 공간상의 두 점 (x_1, y_1, z_1)과 (x_2, y_2, z_2)가 있다고 하자. 이때 **두 점 사이의 거리를 구하는 공식** $\sqrt{(x_2-x_1)^2+(y_2-y_1)^2+(z_2-z_1)^2}$을 이용하면 두 점 사이의 거리를 구할 수 있다.

여기까지는 비교적 수월하다. 2차원과 3차원은 아는 개념 안에서 그렸지만, 4차원 이상의 공간은 우리가 아는 평면 위에 표현할 수 없기에 그 모습과 개념을 상상조차 하기 어렵다.

4차원 공간을 이론으로 접근해 보면 다음과 같다. 4개의 수직선이 서로 직교(직선 또는 반직선 때론 평면이 90°로 만나는 것)하는 공간에 반지름이 1인 16개의 4차원 구가 서로 접해 있다. 16개의 4차원 구와 모두 접하는 중심에 17번째 4차원 구가 있을 것이다.

하지만 우리는 이미 3차원 공간에 살고 있어서 아무리 머릿속에 4차원 공간을 그리려고 해도 쉽지 않다.

이왕 시작했으니 지금까지 살펴본 방법으로 4차원 공간 사이에 새로 그린 17번째 4차원 구의 반지름만이라도 구해 보면 어떨까? 아래 수식처럼 두 점 사이의 거리를 구하는 공식과 피타고라스 정리를 이용해 새로 생긴 4차원 구의 반지름을 계산해 보니, 16개의 4차원 구의 반지름과 똑같이 1이다. 2차원, 3차원과 다르게 16개의 4차원 구 사이에는, 크기가 같은 또 다른 구가 생긴다는 말이다.

$$\sqrt{1^2+1^2+1^2+1^2}-1$$
$$=\sqrt{4}-1$$
$$=2-1$$
$$=1$$

우리가 아는 차원 위에 그림으로 그릴 수 없지만, 만약 반지름이 1인 16개의 4차원 구 사이에 같은 크기의 또 다른 4차원 구가 있는 공간을 상상할 수 있다면, 그곳이 바로 '수학에서 정의하는 4차원 공간'이다.

보통 수학자들은 4차원 공간을 다음 그림(206쪽)과 같이 그려서 표현하곤 한다. 역시 수학은 무엇을 상상하든 그 이상이다.

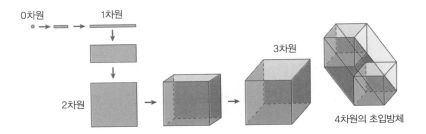

0차원　1차원

2차원

3차원

4차원의 초입방체

난쟁이가 모두 7명인 이유

복잡한 차원 이야기가 지나치게 진지했다. 다시 영화 속 가벼운 이야기로 돌아오자. 이 영화 속 일곱 난쟁이는 귀여운 구석이라고는 찾아보기 힘들고 삶에 지쳐 팍팍한 모습이다. 순수한 모습이라곤 찾아볼 수 없지만 그래도 어여쁜 백설공주를 매몰차게 거절할 만큼 모질지는 못하다.

결국 영화 속 난쟁이들도 백설공주를 물심양면으로 돕는다. 영화 속 백설공주가 동화 속 백설공주보다 훨씬 화끈해서 난쟁이들이 종종 당황하지만, 변함없이 그녀의 곁에서 든든한 지원군으로 활약한다.

난쟁이가 7명인 데는 나름 수학적인 이유가 있다. 우선 숫자 7은 6이나 8과 같이 절반으로 나눌 수 있는 짝수가 아니다. 7이 홀수이기 때문에 의견을 하나로 정할 때 결정하기가 쉽다. 두 의견이 팽팽한 경우에도 한 사람에 의해 결정될 수 있기 때문이다.

게다가 숫자 7은 1+2+2+2, 1+3+3, 2+3+2와 같은 분할수*로 표현할 수 있다. 예를 들어 3은 1+1+1, 2+1, 3과 같이 3개의 분할수로 표현할 수 있다. 7은

★분할수란 주어진 자연수를 자연수들의 덧셈으로 표현하는 방법의 가짓수를 말한다.

무려 15개의 분할수로 표현할 수 있는데, 이는 단체 활동에서 큰 장점이 될 수 있다. 특히 영화에서 직업이 '산적'인 그들에게 말이다.

조금 다르게 생긴 외모 때문에 다른 사람들과 어울려 살 수 없었던 난쟁이들은 인적이 드문 산속에 집을 짓고 산길을 오가는 사람들에게 생필품을 빼앗으며 산다. 이때 난쟁이 7명은 둘, 셋, 둘로 조를 짜서 탄탄한 팀워크를 만든다. 처음 2명이 자신들의 존재를 알리고, 3명이 본격적으로 임무(?)를 완성, 나머지 2명이 마무리를 하는 방식이다.

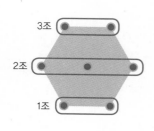

3조
2조
1조

산적의 공격 전술을 그림으로 나타내는 게 썩 내키지는 않지만☺그림으로 그려도, 7명으로 구성할 수 있는 공격 전술 중에 왼쪽 그림처럼 육각형 모양을 이루는 2-3-2 구조가 가장 안정적이다.

한편, 독이 묻은 사과를 먹고 유리관 안에 잠드는 동화 속 백설공주와 달리, 영화 속 백설공주는 걸크러시한 매력을 뽐내며 적극적으로 왕비에게 빼앗긴 왕국을 되찾기 위해 결의를 다진다.

백설공주는 최고의 검술과 무술 실력을 갖춘 난쟁이들에게 도움을 받기로 한다. 난쟁이들의 훈련은 갈수록 혹독하다. 특히 난쟁이가 컵 속에 숨겨 놓은 체리를 난쟁이보다 먼저 찾아야 하는 셸 게임에서는

'몬티 홀 게임'으로 잘 알려진 유명한 확률 게임을 엿볼 수 있다. 몬티 홀 문제는 1963년부터 지금까지 방영하는 미국의 TV 퀴즈쇼 '거래를 합시다'에서 소개돼 유명 수학 패러독스로 잘 알려져 있다.

방청객 한 사람을 뽑아 스튜디오에 설치된 문 세 개 중 하나를 고를 기회를 준다. 문 세 개 중 하나 뒤에는 슈퍼카처럼 어마어마한 경품이 걸려 있고, 나머지 두 개는 염소뿐이다. 참가자가 문을 하나 선택하고 나면, 그 문 뒤에 무엇이 놓여 있는지 아는 진행자가 나머지 문 두 개 중 하나로 선택을 바꾸겠냐고 묻는다. 나머지 문 중에 염소가 있는 문을 하나 열어서 보여 주면서 말이다. 이때 선택을 바꾸는 것과 바꾸지 않는 것 중에서 슈퍼카에 당첨될 확률은 어떤 것이 더 높을까? 바로 이 문제가 몬티 홀 문제다.

백설공주 이야기에서는 컵 세 개 중 한 컵에만 담긴 체리를 찾는 게임이다. 그러고 나서 난쟁이가 백설공주가 고르지 않은 또 다른 컵을 뒤집어 '빈 컵'임을 보여 준다. 백설공주는 어떤 선택을 해야 할까?

선택을 바꾸지 않는 게 합리적인 것처럼 보이지만, 수학자들은 확률적으로 선택을 바꾸는 게 유리하다고 수학적으로 증명했다. 왜 이런 결론이 나왔는지 천천히 살펴보자.

백설공주 입장에서 세 개 중 하나의 컵에만 체리가 들어 있으니 그중 하나를 골라 체리가 든 컵을 선택할 확률은 $\frac{1}{3}$이다. 다시 말해, 백설공주가 자신의 첫 소신을 끝까지 밀고 나가면 체리가 든 컵을 선택할 확률은 변함없이 $\frac{1}{3}$이다.

	①	②	③	
	체리	꽝	꽝	
1)	★			바꾸면 꽝
2)		★		바꾸면 체리
3)			★	바꾸면 체리

그러면 이번엔 백설공주가 선택을 바꿀 경우를 설명할 수 있는 표를 그려 보자. 여전히 백설공주는 ①~③ 컵 중에 하나를 선택할 수 있다. 이번엔 선택을 바꿀 수 있으므로 만약 1)처럼 처음부터 체리 컵(①)을 골랐을 때, 난쟁이가 ②번 컵을 보여 주고 백설공주가 선택을 바꿀 경우 꽝이 된다. 그러나 2) 또는 3)처럼 처음에 꽝 컵(② 또는 ③)을 골랐을 때, 난쟁이가 또 다른 꽝 컵을 보여 주고 백설공주가 선택을 바꿀 경우엔 모두 체리 컵을 선택할 수 있다. 이처럼 백설공주가 선택을 바꾸면 체리 컵을 찾을 확률이 $\frac{1}{3}$에서 $\frac{2}{3}$로 높아진다.

따라서 백설공주가 체리를 찾아낼 확률을 높이고 싶다면 컵을 바꿔야 한다. 하지만 영화 속에서는 컵을 바꾸지 않았다. 과연 이 선택은 백설공주와 왕국의 운명을 어떻게 바꿔 놓았을까?결과는 영화에서 직접 확인하시길.😊

백설공주가 확률 게임에서 자신이 이길 확률을 제대로 구할 줄 알았으면 어땠을까? 아마도 좀 더 빨리 왕국을 되찾았을지도 모른다.

16

고흐 명작에
담긴 패턴과 수학을
알아보다

〈반 고흐: 위대한 유산〉

#빈센트반고흐 #고흐 #고갱 #별이빛나는밤에 #소용돌이
#난기류 #수학 #예술작품

스물일곱, 화가의 길을 걷기 시작한 반 고흐

아무리 미술과 작품에 관심 없
어도 '고흐'의 이름은 한 번쯤 들
어 봤을 것이다. 고흐는 자신의 귀
를 스스로 자른 일화와 디지털 기
기 배경 화면에서 봄직한 파란 바
탕의 작품 '별이 빛나는 밤에'로
잘 알려진 인물이다.

별이 빛나는 밤에

　빈센트 반 고흐. 그는 네덜란드 인상주의 화가로, 1800년대 후반에
활동했다. 오늘날 사람들은 고흐를 모두 유명한 화가로 기억하지만
고흐의 인생은 사실 꽤 고단했다. 영화 〈반 고흐: 위대한 유산〉에서

는 순탄치 않았던 그의 인생 이야기를 잔잔하게 들여다볼 수 있다. 물론 고흐의 이야기를 담은 영화가 이 작품이 처음은 아니다. 〈삶에 대한 열정(1956, 미국)〉, 〈빈센트와 테오(1990, 영국)〉, 〈반 고흐(1991, 프랑스)〉라는 작품에서 다양한 국적의 감독들이 자기 시선으로 고흐 이야기를 펼쳤다. 그중 고흐의 고향인 네덜란드 출신 감독이 만든 영화로는 이 작품이 처음이다.

〈반 고흐: 위대한 유산〉에서는 고흐와 고흐의 조카(빌렘 반 고흐) 이야기가 액자 형식★으로 번갈아 등장한다. 20대 중반 무렵 뒤늦게 화가의 길로 들어선 고흐의 이야기와, 고흐가 생을 마감할 무렵 태어난 조카의 인생 이야기가 자연스럽게 오버랩★된다.

영화는 프랑스에 본점이 있는 구필 화랑 헤이그 지점에서 수습사원으로 일하던 1869년의 고흐를 비추면서 시작한다. 온 가족은 특별한 직업이 없었던 고흐가 부디 화랑에 잘 적응하며 집안에 보탬이 되기를 바랐다. 하지만 그는 올곧은 성격과 강한 자기 신념으로 화랑에 찾

★**액자 형식**이란 액자가 그림을 둘러서 그림을 꾸며 주듯, 바깥 이야기(이 영화에서는 고흐의 조카 이야기)가 그 속의 이야기(살아 생전의 고흐 이야기)를 액자처럼 품고 있는 이야기 방식이다. 액자 형식은 대개 외부 이야기에서 내부 이야기로 흘러가다가 내부 이야기가 끝나면 다시 외부 이야기로 흘러가는 등 두 이야기의 시점을 자유롭게 오가며 이야기를 이끌어 간다. 보통 외부 이야기는 1인칭 시점, 내부 이야기는 3인칭 시점으로 진행하는 경우가 많다.
★**오버랩**이란 영화 표현 기법 중 하나로, 앞의 장면이 서서히 사라져가면서 그 위에 다음 장면이 서서히 나오며 결국 완전히 다음 장면으로 보이도록 하는 효과를 말한다.

아오는 손님들과 자주 마찰을 일으켰다. 자신과 의견이 다른 손님과 자주 싸우고, 심지어 쫓아내기 일쑤였다. 영화에서 화랑 주인으로 고흐의 삼촌이 등장하는데, 이런 이유로 그를 골칫거리로 여긴 삼촌은 결국 고흐를 화랑에서 해고한다.

고흐는 독실한 기독교 집안에서 태어나 신념과 철학이 확고한 편이었다. 그러다 보니 자신의 철학과 주관이 강해 타인과 의견 충돌이 일어날 때에는 공격적이고 날카로운 어조로 상대를 대했다. 성격이 까칠하고 예민한 탓도 있었다. 하지만 집안에서 당당한 위치는 아니었다. 장남인데 아직 적성에 맞는 진로를 찾지 못했고, 화가인 동생이 보내주는 돈으로 이곳저곳 옮겨 다니며 생활하는 처지였기 때문이다.

이런 상황에서 가장 답답함을 느낀 건 누구보다 고흐 자신이었을 것이다. 그는 프랑스, 영국 등 유럽 곳곳을 돌아다니며 여러 직업을 경험했고, 적성을 찾아 헤매다 결국 네덜란드로 돌아와 목사가 될 계획을 세웠다. 실제로 그는 1878년에 네덜란드 암스테르담대학교의 신학 교육 과정을 등록하고 2년 동안 선교사 활동을 하기도 했다. 그러다 1880년, 고흐는 또다시 진로를 수정한다.

그해 나이 스물일곱, 무언가를 새로 시작하기에 결코 이른 때가 아니었지만 그는 그림을 그리기로 한다. 그리고 동생 테오에게 조언을 받아 브뤼셀 왕립 미술 아카데미에서 미술 공부를 시작한다. 하지만 고지식하고 강박증이 심한 고흐는 다른 사람의 시선이나 가르침을 받아들이지 못하고 결국 독학을 택하고 만다.

반 고흐는 당시 인정받지 못한 화가였다?

오늘날 '역사상 가장 위대한 불멸의 화가'라고 불리는 고흐이지만, 당시 그를 향한 시선은 차가웠다. 예술가들은 물론이고, 가장 가까운 가족들에게도 외면당했다. 그런 그의 작품이 대중들의 사랑을 받을 리 만무했다.

고흐의 작품들은 오히려 그가 죽은 뒤 더 유명해졌다. 영화에 등장하는 초기 작품부터 차분히 살펴보자.

고흐의 초기 작품은 어둡고 탁한 색감을 많이 사용했다. 초기에 그는 쥘 브르통이나 장 프랑수아 밀레처럼 노동자들의 모습을 묘사하려고 했다. 이때 그린 작품으로 가장 잘 알려진 것은 '감자 먹는 사람들(1885)'이다.

이 작품에는 어두운 등불 아래서 다섯 사람이 둘러앉아 감자를 먹고 있는 모습이 보인다. 고흐는 사람들의 일상을 아름답게 미화하기

감자 먹는 사람들

보다는 노동에 지친 사실적인 표정과 감자로 끼니를 때우는 현실 그리고 어두운 속내를 그대로 표현하고자 했다. 그가 작품을 사람들에게 선보일 수 있는 갤러리는 자주 들락이던 술집이 전부였다. 그곳에 모인 사람들은 고흐의 의도를 이해하려고 애쓰기는커녕, 그의 화풍을 거들떠보지도 않는 분위기였다.

　작품을 본 사람들의 반응이 시원치 않자 고흐는 실망하고 1886년 파리로 거처를 옮긴다. 당시 파리에는 인상주의와 신인상주의 화가들이 많았는데, 고흐도 이 영향을 많이 받았다. 고흐는 이때 '빛의 효과'를 작품에 표현하는 기법에 관심이 많았다. 이때부터 관심을 보인 색채 연구에 대한 결과물은 이후 작품에서 빛을 발하기 시작했다. 이때 그린 작품으로 알려진 그림 중 하나는 '카페에서, 르탱부랭의 아고스티나 세가토리(1887)'이다.

　오늘날 고흐를 알린 유명한 작품들은 파리를 떠나 남프랑스에 자리를 잡으며 그린 것이 대부분이다. 실제로 고흐는 1888년부터 남프랑스에 머문 15개월 동안 작품 200여 점을 완성했다. 그리고 그는 2년 뒤 생을 마감한다. 이 중에는 잘 알려진 '정물: 열두 송이의 해바라기가 있는 꽃병(1888)'과 '밤의 카페 테라스(1888)' 등이 있다.

카페에서, 르탱부랭의
아고스티나 세가토리

고흐의 명작을 뒷받침하는 '패턴과 수학'

★유체 역학은 유체의 출렁임을 과학적, 수학적으로 설명하려고 연구하는 학문이다. 유체란 물이나 눈, 연기나 불처럼 시간에 따라 그 크기와 모양이 쉽게 달라지는 물질을 말한다.
예를 들어 컵에 담아 놓은 물을 들고 움직일 때 그 안에 물이 출렁이는 현상을 방정식으로 나타내는 것이다. 유체 역학에서 집중하는 출렁임은 액체와 같은 유체를 운반할 때 유체와 유체를 담은 용기 사이에 발생하는 현상이다.

고흐의 대표작 '별의 빛나는 밤(1889)'를 바라보고 있으면 밤하늘을 가득 메운 소용돌이 구름과 샛노란 달빛에서 신비로운 느낌을 받는다. 그런데 이 그림 속에 표현된 소용돌이를 유체 역학★으로 설명할 수 있다는 연구가 있다.

호세 루이스 아라곤 멕시코국립대학교 물리학과 박사는 고흐의 작품 중 '별이 빛나는 밤(1889)', '삼나무와 별이 있는 길(1890)', '까마귀가 나는 밀밭(1890)'과 같이 고흐가 죽기 직전에 그린 작품에 집중했다.

연구팀은 고흐의 화풍을 분석하며 고흐 작품의 고

까마귀가 나는 밀밭

유한 특징을 찾고자 했다. 이때 각 작품의 '그림 전체의 밝기 분포'를 측정했는데, 이때 임의의 거리만큼 떨어져 있는 두 점의 밝기가 같을 확률을 수학적으로 측정했다. 그 결과 두 점 사이의 거리가 멀수록 두 점의 밝기가 같을 확률이 감소한다는 사실이 밝혀졌다. 특히 두 점의 밝기가 같을 확률은 두 점

삼나무와 별이 있는 길

사이 거리의 거듭제곱으로 줄어들었다. 이것은 난류를 다루는 유체역학의 대표 법칙인 콜모고로프 척도★(Kolmogorov scaling)와 같다.

다시 말해 고흐의 대표작 '별의 빛나는 밤(1889)'에 나타난 밤하늘을 가득 메운 소용돌이는 난류의 움직임과 매우 비슷했다. 난류란, 유체(기체나 액체)의 불규칙한 흐름을 뜻한다. 더 놀라운 건 고흐가 정신적으로 혼란스러웠을 때 그린 그림일수록 소용돌이의 크기나 방향이 비슷하게 나타난다는 점이다.

★콜모고로프 척도란 확률론을 정리한 러시아의 수학자 안드레이 콜모고로프가 1940년에 난류에 관한 성질을 수학으로 설명한 값이다. 이 값을 참고하면 소용돌이(난류) 속 어떤 두 지점의 속도가 같을 확률을 구할 수 있다.
참고로 수학자 콜모고로프는 1933년 출간한 《확률론의 기초 개념》에서 확률론 체계를 세웠다.

연구 결과에 따르면, 고흐가 정신적으로 혼란스러웠던 때에 그린 그림에는 수학적으로 정확한 형태의 난류가 나타났다. 하지만 정신적으로 안정한 상태에서 그린 초기 작품에 표현된 소용돌이는 실제 난류와는 거리가 멀었다. 또 약물 치료를 받아 정신적으로 매우 안정된 상태에서 그린 '파이프를 물고 귀에 붕대를 감은 자화상(1889)'에서는 같은 시기 작품임에도 불구하고 난류를 찾아보기 힘들었다.

이런 결과를 토대로 연구팀은 "정신질환을 앓고 있던 고흐의 그림 속 소용돌이와 난류 사이의 상관 관계가 성립하고, 이것으로 보아 당시 고흐는 정신적인 고통을 받고 있던 정도에 따라 그림에 난류를 표현했을 것"이라는 합리적인 의심을 하며 연구를 이어 갔다.

영화로 스케치한 고흐의 짧은 생

다시 영화로 돌아오자. 조카 빌렘 반 고흐는 고흐의 동생인 테오 반 고흐의 아들이다. 고흐 이야기를 하려면 남동생인 테오 이야기를 하지 않을 수 없다. 테오와 고흐는 물론 두 사람 모두 성이 '고흐'로 같지만, 본문에서는 우리에게 익숙한 화가 빈센트 반 고흐를 편의상 '고흐'라고 표기했다. 는 남들이 둘 사이를 연인이라 여길 만큼 애틋한 사이였다. 실제로 둘이 주고받은 편지가 책 한 권으로 만들어질 정도로, 사사로운 감정과 각자의 연애담까지 일거수일투족을 기록하고 공유했다. 그뿐만 아니라 테오는 고흐에게 오랜 시간 정신적, 경제적 버팀목이 돼 주었다. 아무도 알아주지 않는 형의 작품 속 장점을 이야기하고, 기회를 만들어 주려고 애썼다. 이 부분은 영화에서도 확인할 수 있다.

테오는 자신의 아이 이름 앞에 형의 이름을 본떠 빈센트 빌렘 반 고흐라고 부를 만큼 애틋했는데, 인생의 끝자락 역시 형과 운명을 같이 했다. 고흐가 스스로 불운한 생을 마감하자 테오 역시 우울증에 시달리다 3개월 만에 결국 형을 따라 유명을 달리하고 말았다.

하지만 애틋한 사이는 빌렘 반 고흐의 '아버지(테오)'와 '삼촌(반 고흐)'뿐이었다. 물론 반 고흐가 살아 있을 때 조카를 끔찍하게 생각했지만, 빌렘 반 고흐는 태어난 지 얼마 되지 않아 세상을 등진 아버지와 삼촌에 대해 아무런 기억이 없었다.

조카인 빌렘은 반 고흐의 남겨진 혈육으로 어쩔 수 없이(?) 고흐의 작품을 물려받고, 평생에 걸쳐 이 위대한 유산을 보관하는 과정에서 많은 갈등을 겪는다. 뛰어난 명성에 따르는 묵직한 명예가 있었지만, 이 영화에서는 빌렘이 처음부터 끝까지 고흐의 작품을 팔려고 애쓰는 장면이 나온다. 물론 이 장면은 사실과 다르게 각색된 부분이지만, 실제로 역사 속 위인이 남긴 작품을 보존해야 하는 가족들의 무거운 중압감과 책임감을 짐작해 볼 수 있는 대목이다.

Chapter

5

수학이 있어 진짜보다 더 진짜 같은
영화 속 가상현실 세계

이번 챕터에서는 컴퓨터 그래픽으로 화려하게 수놓인 작품으로 수학을 소개하려고
해요.

컴퓨터 그래픽 이야기를 하려면 3차원 애니메이션을 빼놓을 수 없죠. 애니메이션
속 가상 캐릭터를 구상하는 단계부터 캐릭터마다 알맞은 옷을 입는 과정까지 매 순
간 수학이 꼭 필요하거든요. 가장 먼저 애니메이션의 명가인 픽사에서 선보인 작품
들을 살피며 애니메이션 캐릭터를 만들 때 꼭 필요한 수학과 애니메이션의 기본 원
리를 알아볼게요. (▶17)
영화 〈캐리비안 해적〉 시리즈에 등장하는 오징어 얼굴(?) '데비존스', 〈아바타〉의
'나비족', 〈반지의 제왕〉의 '골룸', 〈혹성탈출〉의 '시저'까지 모두 컴퓨터 그래픽 기
술의 발달로 만나게 된 대작 속 주인공들이에요. 개봉한 지 10년도 넘은 작품도 있
지만, 시리즈 작품들은 최근까지도 스크린에서 보았죠. 아무래도 실제로는 존재하
지 않는 캐릭터들이기 때문에, 탄생 과정은 물론, 현실감 넘치는 몸짓과 세밀한 표
정까지도 수학 없이는 연기가 불가능하답니다. 가상 캐릭터가 컴퓨터 공간에서 수
학의 어떤 도움을 받아 연기를 펼쳤을까요? (▶18)
다시 애니메이션으로 돌아와 말랑·폭신한 매력으로 히어로계의 새 역사를 쓴 소프
트로봇 〈빅 히어로〉 이야기를 준비했어요. 애니메이션 속 디테일은 물론, 〈빅 히어

로〉의 주인공 '베이맥스'는 실제 학계에서 개발하는 소프트로봇에서 아이디어를 얻어 완성했대요. (▶19)

사실 (약간 과장을 보태면) 애니메이션 제작에 있어 '미분 방정식'을 빼놓고는 특수 효과를 설명할 수 없죠. 특히 〈겨울왕국〉과 〈모아나〉의 화려한 영상미를 만드는 데 같은 수학자가 도움을 주었다는 사실! 애니메이션 제작팀이 가장 어려워한다는 눈, 물, 털, 연기를 표현하려면 미분 방정식이 꼭 필요하대요. (▶20)

즐길 준비가 되셨다면, 컴퓨터 그래픽의 세계로 출발해 볼까요?

▶

17

수학자와 기술자가 함께 만든 3D 애니메이션 명가

픽사(Pixar) 이야기

#3D애니메이션 #픽사 #애니메이션명가 #스티브잡스 #수학자 #컴퓨터그래픽 #함수 #방정식 #가이드헤어 #조이트로프 #착시 #키프레임 #모션캡처

애니메이션의 기본은 눈속임!

픽사는 애니메이션 명가답게 초기 단편 영화를 비롯해 장편 영화는 〈토이 스토리〉를 시작으로 〈몬스터 주식회사〉, 〈니모를 찾아서〉, 〈굿 다이노〉 등 전 세계적으로 많은 사랑을 받는 작품을 내놓으며 애니메이션계의 계보를 잇고 있다.

픽사는 특히 3차원(이하 3D) 캐릭터가 등장하는 3D 애니메이션으로 유명한데, 2019년까지 약 20편의 3D 애니메이션을 제작했다.

3D 애니메이션은 1963년 벨 연구소에서 컴퓨터 그래픽 기술을 이용한 제작 기법을 개발하면서 만들기 시작했다. 픽사가 3D 애니메이션 산업에 막 뛰어들 무렵, 픽사는 '아이폰의 아버지'로 잘 알려진 스티브 잡스와 함께였다. 잡스는 1986년에 픽사를 인수했다. 그는 픽사

의 '그래픽에 예술적 감각을 더해 작품을 만드는 기술'을 높이 평가했다. 특히 컴퓨터로 3차원 배경과 3차원 캐릭터를 그리고 한 편의 영상으로 완성하는 기술이 뛰어났다.

사실 애니메이션은 정지 그림을 모아 만든 영화다. 1초에 최소 24장이나 되는 그림을 이어 붙이고 빠른 속도로 넘겨 움직이는 영상을 만든다. 정지 그림이 보통 1초에 16장 이상 지나가면 우리 뇌는 그림이 정지한 순간을 보지 못하고 '그림이 저절로 움직인다'고 착각한다.

이 원리를 직접 눈으로 확인할 수 있는 게 바로 '조이트로프(zoetrope)'다. 조이트로프란 연속된 정지 그림을 빠르게 회전해 마치 그림 속 캐릭터가 움직이는 것처럼 보이는 착시 효과를 일으키는 장치다. 이것을 보고 있으면 애니메이션 원리를 간접적으로 확인할 수 있다.

수학에서 착시란 착각의 한 종류로, 물체의 모양이나 크기, 명암 등 주변 환경에 따라 실제와는 다르게 보이는 현상을 말한다. 특히 우리가 보고 싶어 하는 것과 우리 눈에 보이는 것이 다를 때 나타난다. 그

조이트로프 장치의 속도를 늦춘 모습

조이트로프 장치의 속도를 높인 모습

런데 이런 착시는 대부분이 똑같이 느끼고, 잘못되었다는 걸 알지만 계속되는 현상이다.

사람은 사진기처럼 어떤 대상을 있는 그대로 보지 못한다. 사람은 뇌에 기억된 정보에 먼저 의존해 때때로 착시를 일으킨다. 예를 들어 평행한 기찻길이 마치 만나는 것처럼 보이는 이유도 착시 현상 때문이다. 우리 눈이 멀고 가까운 거리감을 착각해서 그렇다.

조이트로프 장치는 속도를 조절하며 그 원리를 설명한다. 분명 속도를 늦추면 정지 그림인데, 속도를 높이면 정지 그림 속 캐릭터가 팔다리를 움직이는 것처럼 느끼게 된다. 눈에 잔상이 남아서다.

우리는 사물에서 반사된 빛이 우리 망막에 비춰서 사물을 본다. 잔상이란 빛의 자극이 사라진 뒤에도 시각 기관의 흥분 상태가 이어져 상이 잠시 남는 현상을 말한다. 잔상의 지속 시간은 쏘인 빛의 세기에 따라 달라진다. 보통 16분의 1초 정도이고, 길면 10분의 1초까지도 잔상이 이어진다. 애니메이션은 이런 잔상 효과를 이용한다. 정지 그림을 빠르게 연결해 그림 내용이 움직이는 것처럼 보이게 한다.

기본을 다졌으니 이젠 실전이다. 애니메이션 캐릭터 움직임은 자연스러운 것은 물론, 늘 과장되고 조금은 코믹하게 표현된다. 애니메이션에서 이런 캐릭터의 움직임을 표현하는 방법은 크게 두 가지다. 하나는 전통적인 '키 프레임 방식'이고 또 다른 하나는 '모션 캡처 방식'이다. 수년 전부터는 모션 캡처 방식을 넘어 감정까지 세세하게 표현하는 이모션 캡처 방식도 함께 쓰인다.

픽사에서도 초기 작품들은 대부분 키 프레임 방식으로 만들었다. 키 프레임 방식은 '키(중심)'가 되는 주요 동작을 몇 개 그린 뒤, 그 사이사이를 연결 동작으로 채워 완성한다. 이 방식은 각 동작 그림(프레임)에 따라 캐릭터의 움직임 속도를 조절하거나, 움직임의 크기에 변화를 주면서 캐릭터만의 성격까지 살려 표현할 수 있다. 또, 표현할 수 있는 스토리텔링의 범위가 넓고, 상황에 따라 달라지는 감정의 변화나 기분까지도 표현하기가 수월하다. 하지만 때론 만들어 낸 움직임에서 부자연스러움이 감지된다.

한편, 모션 캡처 방식자세한 설명은 236쪽 참고◉은 실제 사람 몸에 마커(카메라가 사람의 움직임을 인식해 컴퓨터에 그 움직임을 기록할 수 있도록 돕는 표시 장치)를 달아 사람의 움직임을 촬영해 그대로 컴퓨터에 기록하는 방법이다. 사람의 움직임을 그대로 애니메이션 캐릭터의 움직임으로 만들 수 있어서, 매우 자연스러운 움직임을 연출할 수 있다. 하지만 때때로 과장된 표현이나 코믹 요소가 필요한 애니메이션에서는 오히려 너무 자연스러운 표현이 단점이 되기도 한다. 또한 사람이 표현할 수 있는 동작에는 한계가 있고, 캐릭터가 사람일 경우에 가장 자연스러운 모습을 표현할 수 있다. 이런 이유로 모션 캡처 방식은 애니메이션보다는 실사 영화에 더 많이 쓰인다.

최근에는 키 프레임 방식과 모션 캡처 방식을 동시에 활용하기도 한다. 모션 캡처로 배우의 자연스러운 움직임을 촬영한 다음, 과장된 동작이 필요한 경우에 키 프레임을 설정해 그 사이사이 연결 동작을 채워 넣으면서 더욱 실감 나는 애니메이션 장면을 완성한다.

키 프레임 방식으로 제작한 픽사의 대표작 〈인크레더블〉과 소니픽처스가 모션 캡처 방식으로 만든 〈몬스터 하우스〉를 비교하면 그 특징을 확인할 수 있다.

두 캐릭터의 달리기에서 가장 큰 차이는 땅에서 가장 높이 뛰었을 때의 높이 차이다. 영상 1초에 최소 24장의 그림이 필요한데, 인크레더블에서는 아주 짧은 시간임에도 불구하고 공중에 많이 떠 있는 것처럼 과장된 모습으로 표현해 점프 장면을 완성했다.

한편, 몬스터하우스에서는 보폭도 크지 않고 공중에 뜬 높이도 상대적으로 낮게 표현했다. 점프 높이는 낮아도 매우 자연스러운 장면이 연출됐다. 이렇듯 애니메이션 캐릭터의 움직임과 연기는 기본적으로 우리의 눈속임을 이용한다.

방정식으로 3차원 캐릭터를 완성하라!

감독의 시나리오에 따라 한 편의 영상으로 완성하려면 우선 정지 그림을 여러 장 그려야 한다. 그려 둔 정지 그림 위에 그림자를 입혀 입체감을 주거나 색깔을 바꿔 다른 느낌을 표현하고 싶으면 어떻게 해야 할까?

새로운 펭귄 캐릭터를 하나 만든다고 가정하자. 3차원 캐릭터를 만드는 과정은 다음과 같다.

첫째, 만들려는 캐릭터의 콘셉트를 먼저 정해야 한다. 마음에 드는 종(여기서는 펭귄)을 결정하고, 얼굴 생김새나 몸통의 전반적인 크기를 정하는 단계다. 둘째, 손으로 그림을 그리듯 만들려고 하는 캐릭터의 머리와 몸통, 꼬리와 팔다리 등의 비율을 정한다. 찰흙 인형을 만들 때, 찰흙을 뚝 떼어 대략적인 위치를 정하는 것과 같다. 셋째, 캐릭터의 질감을 정한다. 펭귄의 털이 짧은지 긴지, 속눈썹은 있는지 없는지를 정하면 된다. 이 단계가 지나면 슬슬 펭귄의 모습이 보인다. 넷째, 캐릭터의 관절과 골격을 심어 주는 단계로, 생명을 넣는 과정이다. 움직임이 가능해진다. 이 단계에서는 자연스럽게 날개를 오므렸다 폈다 하면서 생기는 피부 주름 등이 만들어진다. 끝으로 지금까지 만든 이미지를 모두 합쳐 사람이 직접 눈으로 볼 수 있는 영상으로 변환하면 된다.

말로 장황하게 설명했지만, 사실 오늘날에는 이 모든 과정을 컴퓨터 프로그램으로 물 흐르듯 설계한다. 이미 잘 짜인 프로그램은 복잡한 방정식을 기초로 한다. 감독이 원하는 대로 정지 그림에 그림자를 입히거나 색깔을 바꿀 때, 캐릭터의 얼굴 생김새를 조정할 때, 캐릭터의 움직임을 수정할 때 모두 방정식에 대입하는 값을 달리해 결과를 얻는다.

이 과정에서 수학자의 도움이 필요하다. 감독 요청에 따라 수학자가 방정식에 알맞은 값을 계산하고 나면, 이 값을 사람이 손으로 그린 정지 그림에 반영해 곧 화면 속 실감 나는 입체 그래픽으로 변신한다. 바로 이때가 수와 문자로 가득한 컴퓨터 언어가 눈에 보이는 영상으로 바뀌는 역사적인 순간이다.

이 방식으로 영상을 만들면, 이전에 사람이 일일이 그린 정지 그림만으로 장면을 완성하는 것보다 훨씬 비용이 적게 든다. 손으로 그린 정지 그림은, 감독의 요청으로 만약 단 몇 초 분량을 수정하려고 해도 그림을 수백 장 다시 그려야 한다. 하지만 새로운 방식은 수정할 값을 컴퓨터 프로그램에 입력만 하면 바로 수정되고, 결과물도 빠르게 확인할 수 있어 부분 수정이 훨씬 쉽다.

물론 애니메이션을 제작할 때 처음부터 끝까지 모든 과정을 디지털 방식으로 대체할 수 있는 것은 아니다. 하지만 부분적으로 디지털의 도움을 받는 영역이 점차 늘면, 제작 기간과 투자 비용이 확실히 줄어든다. 덕분에 애니메이션 제작을 디지털 방식으로 돕는 프로그램을 개발한 스티브 잡스는 제작 기간과 투자 비용을 줄이면서도 실감 나는 3D 애니메이션을 만드는 데 성공할 수 있었다. 픽사의 컴퓨터 그래픽 제작 과정에 집중한 스티브 잡스는 이런 이유로 픽사를 인수하자마자 수학자를 여럿 고용했다.

털북숭이 설리의 털 2,320,413개를 어떻게 움직였을까?

한편, 픽사는 또 다른 대표작 〈몬스터 주식회사〉로 세상을 또 한 번 놀라게 했다. 온몸이 털로 뒤덮인 털북숭이 설리 덕분이다.

3D 애니메이션에서 제작팀이 가장 어려워하는 표현 요소로는 '눈, 물, 털, 연기' 등이 대표적이다. 눈이나 물은 형체가 없는데다 그 움직임이 매우 예측 불가능한데 각각 고유의 특징이 있기 때문이다. 연기는 눈에 잘 보이지도 않고, 머리카락과 같은 털은 아주 작은 움직임에도 한 올 한 올 흩어져 서로 다르게 움직인다. 이런 자연 현상은 주로 컴퓨터 프로그램 속 방정식에 값을 넣어 표현해야 하는데, 전문가들도 혀를 내두를 정도로 어려워하는 일이다. 실사 영화에서는 '1초'의 움직임을 표현하기 위해 제작 기간이 6개월씩 걸리기도 한다.

그래도 사람의 머리카락은 10만 개 정도로, 머리카락 한 가닥의 탄성이나 표면의 반사율을 측정해 컴퓨터 그래픽으로 머리카락의 움직임을 표현할 수 있다. 하지만 온몸이 털로 덮인 동물 캐릭터는 몸 전체에 500~600만 개의 털이 필요하다. 아무리 계산 속도가 빠른 슈퍼컴퓨터라 해도, 한번에 500만 개의 데이터를 처리해 상영 시간 90분을 채우는 일은 불가능에 가깝다.

픽사는 이 문제를 해결하기 위해 '가이드 헤어'를 사용했다. 가이드 헤어는 몇 백만 개의 털 사이에서 컴퓨터로 계산해 그 움직임을 제어할 수 있는 일부 털을 말한다. 용어 그대로 몇 백만 개의 털의 움직임을 대표로 이끄는(가이드) 털(헤어)이라는 뜻이다.

예를 들어 털북숭이 설리는 무려 털 2,320,413개를 지닌 캐릭터로 설계됐다. 이를 제대로 표현하기 위해 가이드 헤어 약 5000개를 사용했는데, 설리의 온몸을 덮은 약 200만 개의 털 중 5000개만 컴퓨터 프로그램으로 제어하고, 나머지 199만 5000개의 털은 전부 가이드 헤어의 움직임을 모방하도록 설계했다. 그러면 모든 털을 일일이 컴퓨터 프로그램으로 제어하고 움직임을 표현하는 것보다 훨씬 적은 노력으로 비슷한 효과를 낼 수 있다. 실제로 〈몬스터 주식회사〉 제작팀은 설리가 움직이는 1초 장면을 완성하기 위해 제작 기간이 열흘씩 걸렸다고 한다.

그런 다음에 사람 캐릭터가 옷을 입는 것과 마찬가지로, 털북숭이 설리는 움직일 때마다 찰랑거리는 털의 탄성(물체가 늘어났다가 다시 원래 상태로 되돌아오는 성질)과 털의 질량 그리고 빛의 반사율 등을 계산해 질감을 더한다. 마지막으로 온몸을 덮은 모든 털이 한 방향으로 움직이면 매우 부자연스러우므로, 부분적으로 노이즈 효과(일부러 가이드 헤어의 움직임을 미세하게 방해하는 효과)를 줘서 전체 털의 움직임을 자연스럽게 디자인하면 된다. 이런 노력으로 탄생한 설리는 애니메이션 세계에 새로운 장을 열었다.

18

가상 캐릭터가
진짜같이 연기할 수 있는 건
수학 덕분!

'데비존스' '나비족' '골룸' '시저'

#대작 #데비존스 #나비족 #골룸 #시저 #컴퓨터그래픽
#CG #가상캐릭터 #디지털캐릭터 #모션캡처 #이모션캡처

이제는 야외 촬영도 가능해진 모션 캡처

개봉한 지 시간이 좀 흐르긴 했지만 〈캐리비안의 해적: 망자의 함〉의 '데비존스'나 〈아바타〉의 '나비족', 〈반지의 제왕〉의 '골룸'이나 〈혹성탈출〉 시리즈의 '시저'는 모두 공통점이 있다. 이 영화들에는 컴퓨터 그래픽(CG)으로 중무장해 실제 존재할 것만 같은 가상 캐릭터가 등장한다는 사실이다.

특히 영화의 시작부터 끝까지 이런 상상 속 생명체가 주인공으로 등장할 때는 화면에서 눈을 뗄 수 없다. 이런 가상 캐릭터는 주로 컴퓨터 그래픽 작업을 중심으로 완성한다. 처음부터 끝까지 컴퓨터 그래픽만을 이용해 세밀한 동작은 물론 표정까지 묘사하기도 하고, 배우가 투입돼 굵직굵직한 연기를 한 다음 그 장면 위에 컴퓨터 그래픽을 더해 배경이나 캐릭터 옷을 추가하기도 한다.

배우의 연기 위에 영화에 필요한 장면을 컴퓨터 그래픽을 더하는 방식 중 대표적인 방법을 앞 꼭지▶17에서 살짝 소개한 것처럼 '모션 캡처'라고 한다. 모션 캡처는 사람이나 동물 몸에 마커(카메라가 사람의 움직임을 인식해 컴퓨터에 그 움직임을 기록할 수 있도록 돕는 표시 장치)를 달아 다른 영화 촬영처럼 배우의 연기와 그 움직임을 카메라에 담으면, 이 움직임을 컴퓨터로 수정, 보완이 가능하도록 영상 데이터로 기록하는 방법이다.

이 기술은 1970년대부터 알려졌고, 현재는 영화 제작이나 게임 개발 등 가상 캐릭터가 필요한 산업 분야에서 활발하게 쓰인다. 예를 들어 재활 치료가 필요한 운동선수는 모션 캡처 전용 수트를 입고 움직임을 촬영해서 컴퓨터 그래픽으로 만든, 자신과 똑같이 움직이는 가상 캐릭터의 움직임을 분석해 치료 방향을 정할 수 있다.

영화 〈아바타〉에 나오는 파란 얼굴의 주인공은 온몸에 마커 100여 개를 붙인 전용 수트를 입고 카메라 앞에 서서 시나리오대로 연기를 했다. 배우의 움직임을 적외선 카메라로 촬영하면, 마커에서 반사된 적외선 신호로 마커의 위치(좌푯값)를 읽어 컴퓨터에 기록할 수 있다. 배우의 움직임을 나타내는 수치 데이터가, 컴퓨터 속 가상 캐릭터에 모션 데이터로 변환되면서 가상 캐릭터도 시나리오에 따른 연기가 가능해진다. 다시 말해 카메라 앞 배우가 오른손을 들면 컴퓨터 속 가상 캐릭터도 똑같이 오른손을 들고, 배우가 울면 가상 캐릭터도 운다.

모션 캡처 방식으로 촬영하면 영화에서 어떻게 보일까?
배우의 몸에 마커를 달고 시나리오대로 연기를 하면,
작품에서는 각각의 가상 캐릭터로 등장한다.

모션 캡처 기술은 크게 세 가지로 나뉜다.

〈캐리비안의 해적〉 시리즈 중 세 편에 걸쳐 등장하는 '데비존스'는 자석형 센서(마그네틱 와이어)를 배우의 각 관절 부위에 붙여 촬영하는 방식을 썼는데 이는 가장 흔하게 쓰는 방법이다.

〈아바타〉의 '나비족'을 완성한 적외선 방식은, 각 관절에 붙은 마커를 카메라 6~8개가 추적하고 그 움직임을 2차원 데이터로 세밀하게 기록한 다음 다시 3차원으로 변환하는 방식이다.

마지막으로는 애니메이션을 제작할 때 많이 쓰는 방법으로 정지된 인형이나 사물을 촬영한 다음 새 생명을 불어넣어 없던 움직임을 만드는 식이다.

모두 고가의 장비와 기술이 필요한 방법이지만, 제작자들이 모션 캡처를 활용해 영화를 만드는 이유는 가상 캐릭터의 실감 나는 움직임을 구현하는 데 최선의 방법이기 때문이다.

그런데 영화 〈아바타〉가 나온 지 벌써 10년도 더 지났다. 컴퓨터 그래픽 기술은 그 사이 얼마나 더 발전해 어디까지 가능해졌을까?

그동안 가상 캐릭터가 등장하는 대부분의 모션 캡처 촬영은 장비가 모두 잘 갖춰진 실내 스튜디오에서 이루어졌다. 실내에서 촬영해야 주변의 빛이나 날씨와 상관없이 자유롭게 찍을 수 있고, 적외선을 반사하는 마커의 특성상 자칫 외부 빛처럼 치명적인 방해 요소가 있으면 카메라로 감지하기가 어렵기 때문이다. 그런데 2017년에 개봉한 〈혹성탈출: 종의 전쟁〉 제작팀은 마커 자체가 빛나도록 제작한 특수 마커와 카메라 녹화가 시작되면 주변 환경에 따라 빛의 파장이 조절되는 기술을 이용해 전작보다 야외 촬영 비율을 높여 작품을 완성할 수 있었다. 아무래도 야외 촬영의 비중이 높아지면 깊은 산세, 광활한 평야, 파도치는 바다와 같이 규모가 크고 웅장한 대자연을 훨씬 더 실감 나게 영화에 담을 수 있다.

가상 캐릭터의 자연스러운 표정은 수학으로부터 나온다

컴퓨터로 완성한 가상(디지털) 캐릭터는 캐릭터의 전체 형상은 물론 표정까지도 컴퓨터 그래픽으로 표현해야 한다.

이때 캐릭터의 얼굴 전체를 좌표로 여기고 눈썹, 눈 모양, 광대, 입 꼬리 등 표정을 다르게 만드는 요소를 모두 얼굴 위의 점 (x, y, z)으로 나타낸다. 이 모든 점은 컴퓨터 프로그램으로 자유롭게 위치를 바꿀 수 있다. 시나리오에 따라 알맞은 점의 위치를 계산해 변화를 주면, 캐릭터가 처한 상황에 맞는 다양한 표정을 만들 수 있다. 하지만 자연스러운 한 가지 표정을 만드는 데 좌표의 개수가 최소 수천 개는 필요하므로 이 작업은 꽤 어려운 일이다.

실제로 배우의 표정 정보를 사람이 아닌 〈아바타〉의 파란 얼굴 같은 새로운 생명체나 〈혹성탈출〉의 유인원의 표정으로 완벽하게 일대일 대응하기는 어렵다. 실제 사람의 얼굴 골격과 가상 캐릭터의 설정된 얼굴 골격이나 근육이 움직이는 범위가 각각 다르기 때문이다. 〈혹성탈출〉 주인공 '시저'만 해도 유인원답게 구강 구조가 앞으로 튀어나와 있어, 새로운 설정 값이 필요했다. 따라서 시저를 연기한 배우 얼굴에 3차원 공간 좌표를 다시 씌워 입 주변과 턱 근육을 시저 상황에 맞게 변환하는 과정을 거쳤다. 실제 〈혹성탈출: 종의 전쟁〉 제작팀은 탄탄한 모션 캡처 연기의 대가인 배우 '앤디 서키스'의 연기와 디지털 엔지니어 998명이 힘을 합쳐, 고뇌하는 시저의 표정 연기를 완성했다고 한다.

이때 발생하는 엄청난 데이터를 짧은 시간에 효율적으로 처리하는 것도 매우 중요하다. 실제로 수학자들은 영화 제작자와 한 팀이 돼 데이터를 가장 빠르고 정확하게 처리할 수 있는 프로그램을 만드는 일을 돕는다. 수천 개가 넘는 얼굴 전체의 좌푯값을 행렬로 정리하고, 이를 연산해 원하는 값을 얻는 방식으로 캐릭터의 표정을 만든다. 이렇게 만든 표정과 표정을 섞으면 또 다른 표정이 만들어진다.

그렇다면 움직임을 넘어 감정이나 표정은 어떻게 표현할까? 영화 〈아바타〉에 출연한 배우들은 단순한 동작을 넘어 배우의 표정까지도 컴퓨터에 기록해 가상 캐릭터를 더욱 생생하게 담아냈다. 이때 사용한 기술은 '이모션 캡처'라고 하는데, 단어 그대로 배우의 감정까지 컴퓨터에 기록할 수 있다.

이모션 캡처는 초소형 카메라가 달린 장비를 배우 머리에 씌워 얼굴을 360°로 촬영한다. 그러면 얼굴 근육과 눈동자의 움직임, 심지어 땀구멍과 속눈썹의 떨림까지도 그 움직임이 세세하게 컴퓨터에 기록된다. 데이터는 모두 3차원 공간 좌푯값으로 생성된다. 얼굴 위 모든 움직임은 좌표로 나타낼 수 있으므로 배우가 연기를 마친 뒤에도, 프로그램으로 좌푯값을 다르게 조절하면서 가상 캐릭터가 자연스러운 표정으로 대사를 전달할 수 있도록 각 장면을 원하는 대로 다듬을 수 있다.

이모션 캡처로도 만들기 어려운 표정 변화는 확률을 이용해 작품의 완성도를 높인다. 앞에서도 말한 것처럼 사람의 표정 변화를 스크린에 나타내려면 좌푯값이 적게는 수천 개에서 많게는 수만 개까지 필요하다. 하지만, 마커로 나타낼 수 있는 얼굴의 좌푯값은 100여 개가 전부다.

확률을 이용하면 부족한 정보의 양을 일부 채울 수 있다. 만약 사람을 모방한 가상 캐릭터를 만든다고 할 때, 가장 먼저 사람들의 표정 데이터를 정리한다. A 사람, B 사람, C 사람 등 여러 사람의 웃는 표정을 이미지로 남기는 것이 아니라, 사람마다 웃을 때 달라지는 입꼬리의 좌푯값, 눈썹의 좌푯값, 광대의 좌푯값 등을 값으로 변환해 컴퓨터에 저장한다는 말이다. 이렇게 데이터로 정리해야 새로운 가상 캐릭터의 표정을 완성할 수 있다.

그런 다음 각 입꼬리, 눈썹, 광대의 움직임으로 달라지는 좌푯값의 평균★이나, 이를 확률 분포★로 나타냈을 때 자료의 값(데이터)이 어떻게 흩어져 있는지 계산해 다시 정리한다. 그리고 모션 캡처로 만든

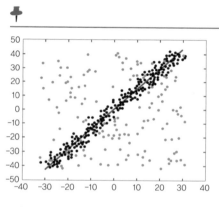

★**좌푯값의 평균**이란 왼쪽 그래프에서 검은 점을 말한다. 흩어져 있는 좌표들 (흩어진 회색 점들)의 평균을 계산한 값이다.

★**확률 분포**란, 확률 변수 X의 함수다. 확률 변수 X는 경우에 따라 특정한 값을 갖는데, 그 값이 나올 확률들은 일종의 함수와 같이 어떤 분포(퍼져 있는 정도)를 생각해 볼 수 있다. 이를 확률 분포라고 말한다.
예를 들어 주사위를 3번 던졌을 때 그중 짝수가 나오는 횟수를 확률 변수 X라고 하자. 짝수가 0번 나올 수도 있고 1번 또는 2번, 3번까지 나올 수 있으므로 확률 변수 X는 '0, 1, 2, 3'이다. 이때 X가 각각 0, 1, 2, 3이 나올 확률을 계산해, 그 값이 어떻게 퍼져 있는지를 알아보면 그것이 확률 분포이다.
★확률에서 **중앙값**이란, 자료를 크기 순서대로 배열했을 때 중앙에 오는 값이다. 중앙값을 기준으로 자료의 반은 중앙값보다 크고, 나머지 반은 중앙값보다 작다.

표정 데이터와 미리 계산해 둔 진짜 사람의 확률 분포 데이터를 비교한다. 확률 분포에서 어느 위치에 존재하는지를 알면 '자연스러운 표정'인지 아닌지 분석할 수 있다. 확률 분포의 중앙값*에 가까울수록 모션 캡처로 만든 표정이 자연스럽다고 본다.

　이런 세밀한 표정과 섬세한 감정 표현은 무작정 모션 캡처를 위한 마커의 수를 늘린다고 보완되지 않는다. 마커의 수가 늘어나도 안 되는 건 안 되는 일이다. 게다가 얼굴에 혹이 있거나 예를 들어 코가 없고 입이 두 개이거나 하는 것처럼 특별한 모습을 한 캐릭터라면, 배우 얼굴로 기록한 마커 정보를 그대로 반영할 수도 없기 때문이다. 따라서 자연스러운 표정은 확률 분포 데이터와 반드시 비교 작업을 해 완성도를 높인다. 물론 실제 영화 제작팀들이 직접 이 자료를 일일이 분석하진 않는다. 기존 데이터로 분석을 마치고 이를 바로 작업에 활용할 수 있는 컴퓨터 프로그램이 개발돼 있어, 이를 활용하는 방식으로 촬영을 진행한다.

　이렇게 곳곳에서 컴퓨터 그래픽 기술을 뒷받침하는 수학의 활약으로 배우의 연기에 컴퓨터 그래픽을 더해 가상 캐릭터를 완성할 수 있다. 이 캐릭터가 컴퓨터 속 3차원 공간에서 자유롭게 마음껏 연기를 펼칠 수 있는 것도 모두 수학 덕분이다.

부드러운
질감 표현은 적분이
책임진다!

〈빅 히어로〉

#빅히어로 #소프트로봇 #적분

말랑말랑 치명적인 몸매의 소유자 베이맥스, 히어로의 역사를 다시 쓰다

모름지기 '히어로'는 슈퍼맨, 배트맨, 아이언맨처럼 8등신 다부진 근육질 몸매에 멋진 슈트를 입어야 제맛(?)! 그런데 당장이라도 달려가 포근히 안기고 싶은 몸매의 히어로가 나타났다. 볼록 튀어나온 배와 짧은 다리, 사람의 몸과 마음을 치료하는 힐링로봇 '베이맥스'다.

베이맥스는 2014년에 나온 애니메이션 〈빅 히어로〉의 주인공이다. 애니메이션 〈빅 히어로〉는 샌프란쿄에 살고 있는 천재 공학도 '테디'와 그 동생 '히로'의 이야기다.

테디는 샌프란쿄의 자랑인 샌프란쿄대학교에서 로봇 공학 공부를 하며 힐링로봇 '베이맥스'를 개발한다. 그러던 어느 날 테디가 의문의 사고로 죽게 되고, 형을 잃은 슬픔이 채 가시기 전에 살고 있는 도시까지 파괴 위기에 처한다. 평소 공부에는 관심이 없고, 오직 로봇 배틀에만 흥미를 두던 히로가 나서게 된다. 마음 문을 열지 못하던 히로는 베이맥스의 매력에 푹 빠져 베이맥스를 슈퍼 히어로로 업그레이드를 해서 위기에 빠진 도시를 구해 내고 형의 억울한 죽음까지 밝힌다.

등장할 때마다 시선을 강탈하는 베이맥스. 평소에는 아기 펭귄처럼 뒤뚱거리며 걷는 귀요미 로봇이지만, '히어로 슈트'만 입으면 180° 달라진다. 보기와는 다르게 이 최첨단 슈트에는 하늘을 날 수 있는 로켓 엔진은 물론, 로켓 주먹도 달려 있다. 무게 453kg까지 번쩍 들 수 있고, 무술도 소림사 고수 저리 가라다.

베이맥스는 동그란 얼굴에 몸집이 크지만 몸무게는 34kg에 불과하다. 소프트로봇이기 때문이다. 베이맥스는 중앙 처리 장치를 제외하고는 공기로 꽉 들어찬 풍선 형태의 말랑말랑한 로봇이다. 그런데 실제로 로봇공학 연구자들도 딱딱한 외투를 벗고 부드러운 몸을 지닌 소프트로봇을 주목하고 있다.

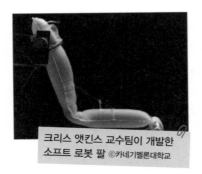

크리스 앳킨스 교수팀이 개발한 소프트 로봇 팔 ⓒ카네기멜론대학교

애니메이션 〈빅 히어로〉의 돈 홀 감독은 베이맥스를 구상하는 과정에서 미국 카네기멜론대학교 로봇연구소를 찾아가 자문을 구했다. 로봇공학과 크리스 앳킨스 교수는 돈 홀 감독에게 자신이 연

구 중이던 소프트로봇을 소개했다.

그건 바로 비닐 소재로 만든 로봇 팔(왼쪽 사진)이었다. 돈 홀 감독은 이 로봇에서 아이디어를 얻어 베이맥스를 만들었다.

전통적인 로봇은 무거운 팔을 움직이려면 관절 대신 피스톤과 기어가 필요했다. 그런데 앳킨스 교수팀은 가벼운 인공 근육이나 공기압축기를 이용해 팔을 움직였다. 극 중 베이맥스도 특별한 관절 없이 팔다리를 움직일 수 있도록 설계됐다.

이렇듯 베이맥스는 실제 학계에서 연구 중인 소프트로봇의 조건을 흉내 내서 모습을 갖췄다. 다만 소프트로봇을 연구하는 연구팀은 전원 장치가 늘 고민인데, 베이맥스는 과감하게 전원 장치를 몸속에 지니고 그것도 무선으로 갖춘 최신식 소프트로봇으로 등장한다(이 모습은 아직까지 완벽하게 구현하기는 어렵다). 베이맥스처럼 무선으로 작동이 가능한 로봇은 현재 소프트로봇을 연구하는 실제 연구팀에게도 가장 큰 숙제다. 전원 장치의 크기나 용량, 충전 방식, 전원 지속력, 유무선 여부에 따라 소프트로봇의 활용도는 더 높아질 것으로 보인다.

인간을 위한 생체 모방 소프트로봇을 주목하다

로봇 기술이 놀라운 속도로 발전하고 있다. 그런데 왜 아직 아직도 집집마다 집안일을 돕는 사람 형태의 로봇은 없을까?

로봇청소기가 대중화 반열에 빠른 속도로 올랐지만, 아직도 비싸서 못 들이는 집도 많다. 설거지봇(?)이나 빨래개키는봇(!)을 만날 수 없는 이유는 가격은 물론, 안전 문제가 해결되지 않아서다. 아무래도 로봇은 대부분 육중한 무게가 뒤따르고, 덕분에 로봇이 지닌 힘을 세밀하게 조절하기 어렵다. 자칫 로봇이 다른 장애물에 걸려 사람 쪽으로 넘어지기라도 하면 큰 사고로 이어질 수 있다. 게다가 손길이 투박해 유리컵이나 달걀 같은 물건을 다루기도 무리가 있다.

그렇다면 베이맥스처럼 말랑말랑한 소프트로봇 가사 도우미는 어떨까? 비록 움직임은 기존의 관절 로봇보다는 투박하지만, 외형이나 구조가 부드러워서 사람과 가까이 지내기에 훨씬 안전하다.

세계 첫 소프트로봇은 미국 터프츠대학교 생물학과 베리 트림머 교수의 작품인 애벌레를 닮은 '소프트봇'이다. 트림머 교수는 담뱃잎을 먹는 박각시나방 애벌레에서 아이디어를 얻어 애벌레처럼 움직이는 소프트봇을 개발했다. 트림머 교수는 가장 먼저 로봇의 관절을 없애고, 실리콘을 둘둘 말아 몸통을 만들었다. 그 다음 전기 회로를 이용해 소프트봇이 유연하게 움직이도록 설계했다. 이런 유연한 움직임이 가능한 소프트봇은 장애물을 만나도 자신의 몸을 움츠리거나 납작하게 만들어 부드럽게 장애물을 통과할 수 있다. 또한 이동 거리를 최소로 줄이는 데 탁월하다.

이런 소프트로봇은 오늘날 의학계에서 가장 환영받고 있다. 의학계에서는 로봇이 주로 사람과 직접 접촉하는 용도로 쓰이는데, 한결 부드러워진 소프트로봇의 손길이 환자들에게 큰 도움을 줄 수 있기 때문이다. 실제로 서울대학교 기계공학과에서는 소프트로봇 연구에 집중하고 있다. 특히 이 분야의 권위자로 손꼽히는 조규진 교수팀은 손이 마비되거나 근육이 손상된 환자들이 손을 사용하는 데 도움을 주는 로봇을 성공적으로 개발했다. 물에 넣어도 망가지지 않는 특수 물질로 만들어 활용도가 높다.

최근 서울대학교 조규진 교수 연구팀은 펠리컨장어에서 아이디어를 얻어 의료용 수술 로봇, 수중 탐사 로봇, 작은 크기로 접었다가 필요할 때 길이를 조절할 수 있는 로봇 팔 등으로 활용할 수 있는 소프

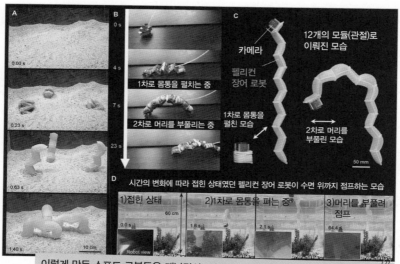

이렇게 만든 소프트 로봇들은 재난탐사 로봇이나, 온도에 따라 그 모양이 변하도록 설계할 수 있어 다양한 산업 분야에서 요긴하게 사용할 수 있다.
출처 : doi:10.1126/scirobotics.aay3493 Figure 6.

트로봇도 개발했다. 이 로봇은 작은 크기로 접어서 보관하다가 필요한 순간에 펼치면 10배 이상 커지고, 자동으로 다시 접을 수 있다.

펠리컨장어는 1000m 이하 심해에 살고, 머리를 풍선처럼 부풀릴 수 있는 특징이 있다. 연구팀은 펠리컨장어의 접히는 머리와 이때 함께 늘어나는 피부를 관찰해 종이접기 기술을 이용한 소프트로봇을 개발했다.

이렇게 만든 소프트로봇들은 재난 탐사 로봇이나, 온도에 따라 그 모양이 변하도록 설계할 수 있어 다양한 산업 분야에서 요긴하게 사용할 수 있다.

베이맥스의 투명한 피부는 적분으로 완성

다시 베이맥스에 집중해 보자. 베이맥스는 비닐 풍선에 바람을 채운 듯한 모습을 하고 있다.

가까이 다가가 코가 눌릴 정도로 베이맥스 몸에 얼굴을 파묻으면 마치 그 몸속이 훤히 다 보일 것만 같다. 애니메이션 〈빅 히어로〉 제작팀은 베이맥스의 이런 비닐 재질 겉모습을 자연스럽게 표현하려고 했다.

이런 재질을 특별히 고려한 이유는 사람 피부와 다른 질감이 주변 환경에서 쏟아지는 빛을 반사하는 정도가 다르기 때문이다. 아무리 컴퓨터 공간 속에서 탄생한 가상 캐릭터라고 해도, 빛의 세기나 빛의 경로를 계산하지 않으면 그 모습은 그저 어색한 그림처럼 보일 수 있다.

예를 들어 아래 두 베이맥스를 비교해 보자. 왼쪽 베이맥스는 빛 처리를 전혀 하지 않은 밑그림 모습 그대로다. 하지만 베이맥스가 움직이며 자유롭게 연기를 펼치는 컴퓨터 속 가상 공간에도 조명은 반드시 존재한다. 배경 어디에서나 빛이 존재하기 때문이다.

따라서 이를 자연스러운 베이맥스(오른쪽)로 탄생시키려면, 베이맥스를 향해 쏟아지는 다양한 빛줄기 경로를 잘 파악해야 한다. 물론 베이맥스에 닿는 모든 빛줄기 경로를 일일이 파악할 순 없지만, 조명에서 나온 빛이 캐릭터의 표면에서 반사돼 카메라의 렌즈로 들어가기까

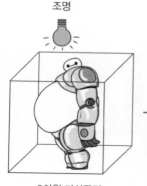

3차원 가상공간

〈빅 히어로〉의 한 장면. 밑그림과 다르게 그림자나 몸통의 굴곡 등이 섬세하게 표현돼 있다.

카메라

가상의 조명에서 카메라까지의 빛의 흐름과 양을 계산하는 렌더링 과정을 거치면 베이맥스의 실감 나는 몸매와 질감을 표현할 수 있다.

지의 길을 정확하게 찾아야 자연스러운 입체감과 캐릭터 표면의 질감을 제대로 표현할 수 있다.

쏟아지는 빛의 양은 어떻게 계산할까? 캐릭터 표면 위의 한 점을 중심으로 하는 구, 때론 반구가 있다고 가정하고 그 구에 들어오는 빛의 세기와 방향을 계산하면 된다. 어차피 가상 공간에서 일어나는 일로 눈에 보이는 빛줄기가 아니므로, 컴퓨터로 계산할 수 있는 알맞은 함수식을 세우면 된다. 이때 어떤 물체의 표면이 빛을 얼마나 반사하느냐에 따라서 주변의 사물을 거울처럼 비추기도(유광) 하고, 반사 자체가 없기도(무광) 하다.

베이맥스의 몸에 닿는 빛을 분석한 데이터가 모두 준비되면, 값을 모두 모아 차곡차곡 더하는 개념의 적분★을 활용해 베이맥스가 탄생

★**적분**은 넓이를 구하는 것에서 출발했다. 적분과 관련된 일화는 17세기 초 요하네스 케플러(1571~1630)의 이야기가 유명하다.

케플러가 살던 때 포도주 가격은 포도주 통 안에 막대를 넣어 포도주가 채워져 있는 높이를 재서 결정했다. 그런데 이 방법에는 문제가 있었다. 포도주를 담는 통이 배가 볼록한 모양이어서 담겨 있는 포도주의 높이와 양이 비례하지 않는다는 점이었다.

예를 들어 막대로 잰 높이가 통의 $\frac{1}{4}$이라면 가격은 가득 찬 경우의 $\frac{1}{4}$이지만 통은 아래로 갈수록 좁아져 실제 포도주의 양은 통의 $\frac{1}{4}$에는 못 미친다. 그래서 케플러는 어떻게 볼록한 모양의 부피를 구할지 고민했다. 그 결과 정확한 포도주 통의 부피를 구하기 위해 케플러는 포도주 통을 무수히 많은 얇은 원기둥으로 잘랐다. 그런 다음 무수히 많은 원기둥의 부피를 더해 계산했다. 이렇게 넓이나 부피를 구하기 위해 차곡차곡 선이나 면을 모아 계산하는 방법을 적분이라고 한다.

한다.

이렇게 탄생한 베이맥스는 표면 곳곳에 적당히 빛을 반사하고 있어 생동감이 넘친다. 표면의 밝기나 반사 정도(반사율)는 함수식의 적분 범위를 다르게 하면서 조절할 수 있다.

수학으로 완성한 가상 도시, 샌프란쿄

애니메이션 속 그들이 사는 세상에도 주목해 보자. 이 도시는 미국의 샌프란시스코와 일본의 도쿄를 섞어 만든 가상의 도시 '샌프란쿄'다. 샌프란쿄에는 독특한 네온사인과 깔끔하게 정돈된 빌딩 숲이 눈에 띈다. 〈빅 히어로〉 제작팀은 직접 샌프란시스코와 도쿄의 곳곳을 돌아다니며 그 특징을 스케치했다. 또한 지리적인 특성을 그대로 표현하기 위해 언덕의 가파른 정도나 빌딩의 높이, 건물과 건물 사이의 거리, 도로의 폭 등을 계산해 모두 3차원 좌표 위에 먼저 그렸다. 이렇게 얻은 실측 데이터는 애니메이션 속 공간 23개로 재탄생한다.

월트디즈니사의 애니메이션 총책임자 앤디 핸드릭슨은 '샌프란쿄는 복잡한 방정식으로 흐트러짐 없이 구성된 도시'라고 설명했다. 샌프란쿄에서는 빌딩 8만 3000개와 서로 다른 디자인 6종으로 설계된 가로등 21만 5000개, 나무 26만 그루로 채워져 현실감을 더했다.

마지막으로 하나 더. 〈빅 히어로〉 제작팀은 배경이 달라질 때마다

만약 가상 캐릭터 제작 프로그램에 3가지 얼굴 표정과 3가지 옷차림, 3가지 머리 스타일이 준비돼 있다면, 서로 다른 캐릭터 27가지(=3×3×3)를 만들 수 있다.

등장하는 엑스트라 캐릭터까지 공을 들였다. 여기에는 디즈니사에서 만든 '데니즌'이라는 소프트웨어가 쓰였다.

데니즌의 알고리즘은 수학에서 사용하는 조합 원리를 따른다. 이번 영화에서 디자이너들이 창조한 캐릭터는 모두 701명이고 여기에 걸음걸이, 말하는 유형, 소통하는 방식과 같은 행동 양식 1324개와 옷차림 32벌, 머리 스타일 32종류와 다양한 피부색을 조합해 새로운 캐릭터를 만들어 냈다. 실제로 〈빅 히어로〉 제작팀은 이 프로그램을 이용해 서로 다른 엑스트라 캐릭터를 63만 2124명 만들어 현실감 있는 군중을 표현했다. 이렇게 만든 엑스트라 캐릭터들은 애니메이션 속 항구 장면에 6000명 정도 한꺼번에 등장한다.

20

바스락 흩어지는 눈과
출렁이는 바다를 완성한
방정식

〈겨울왕국〉〈모아나〉

#겨울왕국 #모아나 #눈 #물 #바다 #뉴턴 #운동방정식
#F=ma #나비어-스토크스방정식 #미분방정식 #근사해

'눈'이나 '물'의 움직임 묘사는
컴퓨터 그래픽의 최대 난제

2019년 11월, 겨울왕국이 두 번째 이야기로 돌아왔다. 5년 전에 처음 만난 애니메이션 〈겨울왕국〉은 2014년 개봉(한국 기준) 당시 누적 관객 수 1000만 명을 넘을 정도로 인기가 대단했다. 다시 돌아온 이야기도 관객 수 1200만 명을 넘기며 그 명성을 이어 갔다. 두 작품 모두 탄탄한 줄거리와 매력 넘치는 캐릭터들, 작품에 담긴 명쾌한 메시지, 중독성 있는 OST(영화 속 배경 음악)까지 어른, 아이 모두에게 사랑받을 만했다. 여기에 한시도 눈을 뗄 수 없는 풍성한 영상미는 사람들을 스크린 앞으로 이끌기에 충분했다.

애니메이션 〈겨울왕국〉은 제목 그대로 '겨울왕국'을 사실적으로 표현해 대중에게 극찬을 받았다. 심지어 아름다움까지 강조돼 완성도 높은 애니메이션 작품으로 손꼽힌다. 컴퓨터 그래픽 전문가들은 눈을 표현하기가 어렵다고 말한다. 형태도 없는데 고유의 성질이 있어 자칫 잘못 표현했다간 물이 젤리처럼 보이거나 눈이 돌덩이처럼 보일 수 있기 때문이다.

대체로 이 장면을 영상으로 나타내려면 운동 방정식★과 미분 방정식★을 기초로 한다. 물이나 눈, 연기, 불처럼 시간에 따라 그 크기와 모양이 쉽게 달라지는 상태를 유체★라고 부른다. 이런 유체의 운동은 나비어−스토크스 방정식★으로 표현할 수 있는데, 이것은 유체를 영상으로 표현하는 데 가장 기초가 된다.

애니메이션 제작팀마다 구현하는 방법이 조금 다르긴 하지만, 나비어−스토크스 방정식은 누구나 한 번쯤 들어 본 기억이미 이 책에서도 여러

★**유체 역학**은 유체의 출렁임을 과학적, 수학적으로 설명하려고 연구하는 학문이다. 유체란 물이나 눈, 연기나 불처럼 시간에 따라 그 크기와 모양이 쉽게 달라지는 물질을 말한다. 예를 들어 컵에 담아 놓은 물을 들고 움직일 때 그 안에 물이 출렁이는 현상(유체의 운동)을 방정식으로 나타내는 것이다. 이런 방정식의 대표적인 예가 바로 **나비어−스토크스 방정식**이다. 나비어−스토크스 방정식은 운동 방정식과 미분 방정식을 기초로 한다. 유체 역학에서 집중하는 출렁임은 액체와 같은 유체를 운반할 때 유체와 유체를 담은 용기 사이에 발생하는 현상이다.
운동 방정식이란, 물체의 운동을 설명하는 변하는 값 사이에서, 시간에 따라 달라지는 관계를 설명하는 방정식이다. 일반적으로 미분 방정식으로 나타난다.
세상의 많은 자연 현상은 수학적으로 표현하는 것이 가능하다. 그 표현하는 방법 중 하나가 바로 **미분 방정식**이다. 즉, 미분 방정식이란 다양한 변하는 값들을 식으로 표현해, 실제 현상을 다시 재현할 수 있는 프로그램을 만들 수 있는 도구 중 하나를 말한다.

번 등장한 ●이 있는 뉴턴의 운동 방정식 F(힘)$=m$(질량)$\times a$(가속도)를 유체의 조건에 맞게 변형한 방정식이다.

하지만 그 누구도 아직까지 이 방정식의 정확한 해를 구하는 방법을 알아내지 못했다. 따라서 보통 수학자들은 가장 정답에 가까운 해, 근사해를 구해서 어떤 물체의 변화량, 변화하는 모습 등을 수식으로 나타내는 데 이 방정식을 이용한다. 이 방정식의 해를 구할 수 없지만, 현장에서 무리 없이 쓸 수 있는 이유는 컴퓨터 그래픽 분야에서는 '정확성'보다 '시각적 효과'가 더 중요하기 때문이다. 시각적으로 효과를 표현하기에는 근사해만으로도 충분하다.

예를 들어 보자. 아래 그림처럼 애니메이션에서 물컵을 탈출하는 물고기가 등장하는 장면을 컴퓨터 그래픽으로 나타내려면, 시간에 따라 변하는 물의 양에 주목해야 한다. 원래 컵에 들어 있던 물의 양을 기준으로 컵이 쏟아지면서 밖으로 흘러넘치는 물의 양과 바닥에 쏟아 흩어지는 물의 양이 반드시 같아야 한다. 또 물이 컵 밖으로 쏟아지면서 컵 속에 남아 있는 물이 출렁이는 현상도 잊어서는 안 된다. 물이

©Pixabay

쏟아질 때 물컵 각도에 따라 달라지는 속도, 컵 벽에 부딪혀 튀어 오르는 물방울, 컵 벽이나 바닥에 맺히는 물방울도 실시간으로 다른 모습이 된다.

여기에 물의 밀도, 물이 컵 밖으로 쏟아지는 가속도 등을 계산해 방정식에 대입하면 자연스럽게 컵을 탈출하는 물고기 장면을 연출할 수 있다. 물론 이 방정식은 사람이 일일이 풀기엔 너무 복잡하고 어려워 현장에서 계산은 컴퓨터가 담당한다.

특히 눈이나 물처럼 다양한 변수를 고려해야 하는 장면 묘사는 특히 수학자, 공학자, 개발자의 도움이 절실하다. 이때 수학자는 밀도와 부피가 같은 물리적 성질을 기초로 해 물체의 움직임을 예측하는 함수식을 만든다. 그러면 공학자와 개발자가 이 함수식을 감독이 원하는 컴퓨터 그래픽 영상으로 구현할 수 있는 도구(시뮬레이션 프로그램)를 개발한다. 주로 이런 방식으로 역할 분담이 돼 있다.

눈의 뭉쳐짐과 질감까지 세밀하게 표현하다

〈겨울왕국〉 제작팀도 마찬가지다. 애니메이션의 완성도를 위해 수학자의 연구 결과를 활용했다. 제작팀은 미국 로스앤젤레스 캘리포니아대학교(UCLA) 조셉 테란 수학과 교수팀과 함께했다. 테란 교수 연구팀은 2007년부터 디즈니에서 애니메이션 컨설턴트로 활동했다.

연구팀은 〈겨울왕국〉을 제작할 당시 컴퓨터 그래픽으로 다양한 눈의 질감을 사실적으로 표현할 수 있는 눈 구현 시뮬레이션(A Material Point Method For Snow Simulation, MPM)을 개발했다. 이 기법은 눈을 나타내는 방법으로는 첫 사례여서, 컴퓨터 그래픽스 학계에서도 주목받았다. 특히 눈은 분명 고체인데 밀도에 따라 바스락 부서지기도 하고, 방심하면 금세 물이 돼 버릴 수도 있다. 그래서 연구팀은 애초에 물 구현 시뮬레이션★을 활용해 눈을 표현했다.

그 덕분에 〈겨울왕국〉에서는 만지면 부서지는 눈, 눈싸움이 가능한 딱딱하게 뭉쳐지는 눈, 눈보라가 치며 성벽에 쌓이는 눈, 눈이 소복하게 쌓인 길을 걸을 때 생기는 발자국과 밟을 때마다 부피가 달라지는 눈, 나무에 쌓여 있던 눈이 주인공 안나에게 쏟아질 때 바스락 부서지는 눈 등 상황에 따라 알맞은 눈을 연출할 수 있었다.

테란 교수 연구팀은 미국계산기학회(ACM)에 소속된 컴퓨터 그래픽스 분과회(SIG)가 매년 주최하는 세계 최대의 컴퓨터 그래픽스 국제회의인 시그라프(SIGGRAPH)에서 '눈 시뮬레이션' 관련 논문을 2013년 7월에 발표하면서 영상도 공개해 화제가 됐다.

미분 방정식으로 눈을 표현하는 시뮬레이션을 만들려면 기준이 되는 현재 눈의 부피와 밀도, 질량 등을 먼저 결정해야 한다. 그런 다음 이 값을 미분 방정식에 대입하면 컴퓨터가 방정식의 근사해를 구해

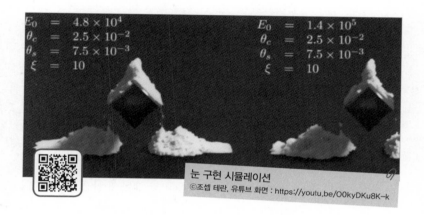

$$
\begin{aligned}
E_0 &= 4.8 \times 10^4 \\
\theta_c &= 2.5 \times 10^{-2} \\
\theta_s &= 7.5 \times 10^{-3} \\
\xi &= 10
\end{aligned}
\qquad
\begin{aligned}
E_0 &= 1.4 \times 10^5 \\
\theta_c &= 2.5 \times 10^{-2} \\
\theta_s &= 7.5 \times 10^{-3} \\
\xi &= 10
\end{aligned}
$$

눈 구현 시뮬레이션
ⓒ조셉 테란, 유튜브 화면 : https://youtu.be/O0kyDKu8K-k

눈의 움직임을 예측하고 조절하는 힘, 방향이나 속도, 가속도를 알려 준다. 이 값에 따라 영상을 구현하면 된다. 변수의 작은 변화에도 달라지는 눈의 질감은 꽤 큰 편이다.

수학자가 완성한 출렁이는 바다 장면

애니메이션 〈겨울왕국〉이 개봉하고 3년 뒤, 디즈니는 또 하나의 대작을 만들었다. 2017년에 개봉한 〈모아나〉가 그 주인공이다. 이 작품으로 디즈니의 최첨단 컴퓨터 그래픽 기술을 확인할 수 있었다.

주인공 모아나가 살던 모투누이 섬이 위기에 처하자 먼 바다로 떠나 위기를 극복하는 과정을 그린 작품 〈모아나〉는 거의 모든 장면에 물이 등장한다. 때론 거대한 파도가 모아나를 덮치고 때론 잔잔하고 평화로운 섬마을이 등장한다. 생애 첫 항해에 나선 모아나는 암초 지대를 넘자마자 자신이 키를 훌쩍 넘는 높은 파도를 만난다. 위협적인 파도는 모아나의 작은 배를 순식간에 뒤집고, 이내 아무 일도 없었다는 듯이 백사장의 하얀 거품이 부서져 사방으로 흩어진다.

〈모아나〉 역시 〈겨울왕국〉의 생생한 설경을 만든 조셉 테란 교수의 작품이다. 테란 교수 연구팀은 〈모아나〉를 위해 새로운 시뮬레이션 기법(APIC, The Affine Particle-In-Cell)을 개발해 사용했다. 컴퓨터 프로그램(알고리즘)으로 미분 방정식의 근사해★를 찾으면서, 기존에 사용하던 알고리즘(PIC)보다 물방울의 속도를 세밀하게 제어해 더 자연스러운 물의 움직임을 표현하도록 개선했다.

이 연구가 있기 전까지 애니메이션 제작에 사용하던 PIC 알고리즘(Particle-In-Cell, 유체의 움직임을 나타내는 알고리즘)은 바다를 표현할 때 사방으로 튀는 물방울의 변화를 세밀하게 표현하긴 어려웠다. 바닷물을 격자로 나눈 다음, 각 범위 안에서 달라지는 물방울의 변화를 뭉뚱그려 나타내고 이를 하나로 합쳐 그림을 완성하는 방식이었기

★**미분 방정식의 근사해**를 찾는 일에 대해 알아보자. 여기서 사용하는 미분 방정식은 오늘날까지 정확한 해를 구할 수 없는 방정식이다. 컴퓨터 그래픽 분야에서는 '정확성'보다 '시각적 효과'가 더 중요하므로 방정식의 근사해만 찾아도 충분하다. 그래서 보통 수학자들은 가장 정답에 가까운 해, 근사해를 구해서 어떤 물체의 변화량, 변화하는 모습 등을 수식으로 나타내는 데 이 방정식을 이용한다. 여기서는 물방울의 움직임에 대한 시뮬레이션을 완성하기 위한 과정 중 하나로 미분 방정식의 근사해를 찾는다.

때문이다.

만약 바닷물을 더 생동감 있게 표현하려면, 흩어지는 물방울의 속도와 위치, 물의 역동성과 표면 질감의 변화를 나타내는 방정식을 각각 세워 문제를 풀어야 한다. 하지만 PIC 알고리즘은 방정식에 정확한 해가 아닌 근삿값을 대입하는 방식이어서, 어떤 한 조건으로 치우친 근삿값을 구하면 다른 조건의 표현이 어색한 결과가 나타났다. 예를 들어 역동적으로 움직이는 물을 표현하도록 값을 설정하면, 물의 표면에 잡티(노이즈)가 많이 생겨 거칠게 표현돼 사실감을 떨어뜨리곤 했다.

하지만 연구팀은 새로운 APIC 기법을 개발하면서, 물의 역동성도 충분히 표현하면서도 잡티를 최소로 하는 물 움직임을 표현할 수 있

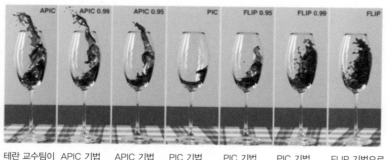

테란 교수팀이 개발한 APIC 기법 | APIC 기법 99%* PIC 기법 1% | APIC 기법 95%* PIC 기법 5% | PIC 기법 | PIC 기법 5%* FLIP 기법 95% | PIC 기법 1%* FLIP 기법 99% | FLIP 기법으로 나타낸 와인잔에 쏟아지는 와인의 모습.

자세히 보면 CG로 표현된 와인의 움직임이나 자연스러움, 거칠기 등이 모두 다른 것을 확인할 수 있다.
(doi:10.1145/2766996 The Affine Particle-In-Cell Method Figure 1: 논문 발췌 ⓒUCLA 제공)

게 됐다.

　이 과정에서 '아핀 변환'이라는 수학 이론을 사용했다. 아핀 변환은 쉽게 말해 점의 위치를 바꿔 도형의 모양을 바꾸는 방법 중 하나다. 수학에서 말하는 변환이란 어떤 점이나 점들의 집합을 일정한 규칙에 따라 새로운 점이나 점들의 집합으로 옮기는 과정을 말한다. 점 a를 점 a'로 옮기면 이것은 1차원 변환, 좌표 (a, b)를 또 다른 좌표(a', b')로 옮기면 이것은 2차원 변환이다.

　아핀 변환이란 점을 옮긴 뒤에도 점의 순서와 각 점 사이의 거리 비가 같게 만드는 조건을 만족하며 옮겨야 한다. 아핀 변환을 하면, 점들의 집합으로 구성된 도형의 경우 원래의 모양이 크게 흐트러지지 않는 장점이 있다. 이를 수학적으로는 위상이 같다고 말한다.

　따라서 아핀 변환을 시뮬레이션 기법에 적용하면 근삿값으로 크게 왜곡되거나 달라지는 물방울의 움직임을 최소화하고, 그 변화를 이전보다 더 자연스럽게 표현할 수 있다.

　이런 수학 연구 덕분에 애니메이션 제작 현장에서는 수학과 공학, 그리고 예술이 만나 형태도 없고, 움직임의 방향성도 정해지지 않은 물을 진짜보다 더 진짜같이 표현하고 있다. 지금 이 순간에도 전문가들은 처리 속도는 더 빠르게, 이미지 처리 완성도를 높이는 새로운 시뮬레이션 기법을 개발하기 위해 연구하고 있다. 수학자들의 골칫거리였던 답 없는 방정식인 미분 방정식이 예술과 만나 새로운 분야를 열면서 역사를 다시 쓰고 있다.

참고문헌

| Chapter 2 | 수학으로 사건 해결의 실마리를 찾는다!

▶ 5　수학으로 추리를 꿰뚫다 〈셜록 홈스: 그림자 게임〉

　　1. Alan H Schoenfeld. (1992). Learning to think mathematically: Problem solving, metacognition, and sense making in mathematics.

▶ 6　이 사건을 누구도 쉽게 증명할 수 없는 미해결 문제로 만들어라 〈용의자X〉

　　1. 히가시노 게이고. (2006). 《용의자 X의 헌신》.
　　2. 조가현. (2016). 어른이 수학에 빠진 이유는? 《수학동아 2016년 5월호》.

| Chapter 3 | 재난과 위기 극복도 수학이 필수다!

▶ 9　이순신 장군의 임진왜란 승리 전략은 수학?! 〈명량〉

　　1. 이광연, 설한국. (2013). 조선의 산학서로 보는 이순신 장군의 학익진. 한서대학교 동양고전연구소. 2013, vol., no.28, pp. 7-42 (36 pages)
　　2. 양성현. (2018). 조선 후기 산학서에 수록된 망해도술(望海島術)의 내용 분석및 수학교육적 활용 방안. 《대한수학교육학회지》. 수학교육학연구, Vol. 28, No. 1, 49~73. Feb 2018.

▶ 10　출구 없는 미로에서 변수를 이용해 탈출하다 〈메이즈 러너〉

　　1. Elad H. Kivelevitch and Kelly Cohen. (2010). Multi-Agent Maze Exploration. 《JOURNAL OF AEROSPACE COMPUTING, INFORMATION, AND COMMUNICATION》. Vol. 7, December 2010.

▶12 좀비 바이러스가 퍼지는 경로를 계산하다 〈부산행〉

1. T.E. Woolley, R.E. Baker, E.A. Gaffney, P.K. Maini. How Long Can We Survive? (In: Robert J. Smith? (ed) Mathematical Modelling of Zombies, University of Ottawa Press, in press.)
2. Philip Munz, Ioan Hudea, Joe Imad, Robert J. Smith?. (2009). WHEN ZOMBIES ATTACK!: MATHEMATICAL MODELLING OF AN OUTBREAK OF ZOMBIE INFECTION.

| Chapter 4 | 인문학과 수학은 떼려야 뗄 수 없는 사이라고?

▶14 돌아온 배트맨 로고에 담긴 여섯 가지 함수 찾기 〈레고 배트맨 무비〉

1. Weisstein, Eric W. (2011). "Batman Curve." From MathWorld——A Wolfram Web Resource.
2. Nick Gravish, Matt Wilkinson and Kellar Autumn. (2007). Frictional and elastic energy in gecko adhesive detachment. 《Journal of The Royal Society》. Interface (2008) 5, 339 – 348.
3. Nicola M. Pugno, Emiliano Lepore. (2008). Observation of optimal gecko's adhesion on nanorough surfaces. 《ELSEVIER journal》.

▶16 고흐 명작에 담긴 패턴과 수학을 알아보다 〈반 고흐: 위대한 유산〉

1. J.L. Aragón, Gerardo G. Naumis, M. Bai, M. Torres, P.K. Maini. (2006). Turbulent luminance in impassioned van Gogh paintings. 《Journal of Mathematical Imaging》.
2. 장경아. (2014). 반 고흐 위대한 유산의 비밀. 《수학동아 2014년 11월호》.

| Chapter 5 | 수학이 있어 진짜보다 더 진짜 같은 영화 속 가상현실 세계

▶ 17 수학자와 기술자가 함께 만든 3D 애니메이션 명가, 픽사(Pixar) 이야기

1. 유미옥, 박경주. (2008). 키 프레임과 모션캡처 애니메이션의 캐릭터 움직임 비교. 《한국콘텐츠학회논문지》 '08 Vol. 8 No. 9.
2. Barbara Robertson. (2001). Monster Mash. 《CGW(Computer Graphics World)》. VOLUME: 24 ISSUE: 10 (OCTOBER 2001).
3. DEAN TAKAHASHI. (2013). Creating a creature with 5.5M pieces of animated hair in Pixar's Monsters University (interview). 《VentureBeat》.

▶ 18 가상 캐릭터가 진짜같이 연기할 수 있는 건 수학 덕분!, '데비존스' '나비족' '골룸' '시저'

1. Tsai-Yun Mou. (2018). Keyframe or Motion Capture? Reflections on Education of Character Animation. 《EURASIA Journal of Mathematics, Science and Technology Education》, 2018, 14(12), em1649.
2. Varun Ganapathi, Christian Plagemann, Daphne Koller, Sebastian Thrun. (2010). Real Time Motion Capture Using a Single Time-Of-Flight Camera. 《2010 IEEE computer society conference on computer vision and pattern recognition》.

▶ 19 부드러운 질감 표현은 적분이 책임진다! 〈빅 히어로〉

1. Barry A. Trimmer. (2008). New challenges in biorobotics: incorporating soft tissue into control systems. 《Bionics and Biomechanics》.

2. T.U.medachi, V.Vikas and B.A.Trimmer. (2016). Softworms: the design and control of non—pneumatic, 3D—printed, deformable robots. doi:10.1088/1748—3190/11/2/025001

3. Byron Spice. (2014). Carnegie Mellon's Inflatable Robotic Arm Inspires Design of Disney's Latest Character. 《Carnegie Mellon University News》.

4. Woongbae Kim, Junghwan Byun, Jae—Kyeong Kim, Woo—Young Choi, Kirsten Jakobsen, Joachim Jakobsen. Dae—Young Lee, Kyu—Jin Cho. (2019). Bioinspired dual—morphing stretchable origami. 《SCIENCE ROBOTICS》. 4, eaay3493 (2019) 27 November 2019.

▶ 20 바스락 흩어지는 눈과 출렁이는 바다를 완성한 방정식 〈겨울왕국〉〈모아나〉

1. Alexey Stomakhin, Craig Schroeder, Lawrence Chai, Joseph Teran, Andrew Selle. (2013). A material point method for snow simulation. 《ACM Transactions on Graphics》, Vol. 32, No. 4, Article 102, Publication Date: July 2013

2. Chenfanfu Jiang, Craig Schroeder, Andrew Selle, Joseph Teran, Alexey Stomakhin. (2015). The Affine Particle—In—Cell Method. 《ACM Transactions on Graphics, (SIGGRAPH 2015)》, 34(4), pp. 51:1—51:10, 2015.